Silke Trick

Der deutsche Wein und die Globalisierung - Marketingstrategie für den Absatz in internationale Märkte am Beispiel der USA

EUROPÄISCHER HOCHSCHULVERLAG

Silke Trick

Der deutsche Wein und die Globalisierung – Marketingstrategie für den Absatz in internationale Märkte am Beispiel der USA

Wismarer Schriften zu Management und Recht, Band 31

EUROPÄISCHER HOCHSCHULVERLAG

www.wismarer-schriften.de

Trick, Silke

Der deutsche Wein und die Globalisierung – Marketingstrategie für den Absatz in internationale Märkte am Beispiel der USA

Wismarer Schriften zu Management und Recht
Band 31

Herausgegeben von:
Prof. Dr. Jost W. Kramer
Prof. Dr. Karl Wolfhart Nitsch
Prof. Dr. Gunnar Prause
Prof. Dr. Andreas von Schubert
Prof. Dr. Andreas Weigand
Prof. Dr. Joachim Winkler

1. Auflage 2009 | ISBN: 978-3-941482-31-9

Die Deutsche Bibliothek verzeichnet diesen Titel in der Deutschen Nationalbibliografie.
Bibliografische Daten sind unter http://dnb.ddb.de abrufbar.

EUROPÄISCHER
HOCH
SCHUL
VERLAG

Inhaltsverzeichnis

Abkürzungsverzeichnis **11**

Vorwort **14**

Vorwort der Verfasserin **14**

1. Einleitung **17**

1.1. Entwicklung und Bedeutung des deutschen Weines im Ausland 17

1.2. Zielsetzung und Vorgehensweise der Arbeit 19

2. Der deutsche Wein - Markt und Entwicklungen **21**

2.1. Historie des deutschen Weines 21

2.2. Aktuelle Marktentwicklungen 25

2.2.1. Aktuelle Daten zum Weinmarkt in Deutschland 25

2.2.1.1. Qualitätsstufen deutscher Weine 25

2.2.1.2. Marktangebot 28

2.2.1.3. Import- und Exportsituation 32

2.2.2. Entwicklung auf internationalen Märkten 35

2.2.2.1. Internationale Weinmärkte 35

2.2.2.2. Der Weinmarkt in den USA 40

2.2.2.3. Die amerikanischen Weintrinker 44

3. Theoretische Grundlagen zur Marketingstrategie in internationale Märkte **48**

3.1. Gründe für den Außenhandel mit Wein 48

3.2. Internationale strategische Marketingplanung 51

3.2.1. Internationale Marketingplanung in der Theorie 51

3.2.2. Situationsanalyse 53

3.2.2.1. Umweltanalyse 53

3.2.2.2. Unternehmensanalyse 59

3.2.2.3. SWOT-Analyse 61

3.2.3. Marktauswahlstrategie 63

3.2.4. Markteintrittsstrategien 68
3.2.4.1. Überblick über mögliche Markteintrittsstrategien 68
3.2.4.2. Indirekter Export 70
3.2.4.3. Direkter Export 74
3.2.5. Marktbearbeitungsstrategien 78
3.2.5.1. Internationale Produktpolitik 78
3.2.5.2. Internationale Preispolitik 84
3.2.5.3. Internationale Kommunikationspolitik 92
3.2.5.4. Internationale Distributionspolitik 99

4. Strategische Analyse des Absatzes von deutschem Wein in die USA 104

4.1. Umweltanalyse für den amerikanischen Weinmarkt 104
4.1.1. Globale Umwelt 104
4.1.2. Aufgaben- und Unternehmensumwelt 108
4.1.2.1. Verhandlungsstärke der Lieferanten 108
4.1.2.2. Verhandlungsstärke der Abnehmer 110
4.1.2.3. Gefahr durch Substitutionsprodukte 111
4.1.2.4. Gefahr vor neuen Anbietern 112
4.1.2.5. Rivalität unter den bestehenden Wettbewerbern 116
4.2. Unternehmensanalyse deutscher Weingüter 118
4.3. SWOT-Analyse 122
4.4. Markteintrittsstrategien für deutschen Wein in den US-Weinmarkt 128
4.4.1. Export als Markteintrittsstrategie 128
4.4.2. Besonderheiten des indirekten Exports deutscher Weine in den US-Markt 128
4.4.3. Besonderheiten des direkten Exports deutscher Weine in den US-Markt 131
4.5. Marktbearbeitungsstrategien für den amerikanischen Weinmarkt 135
4.5.1. Produktpolitik 135

4.5.1.1. Grundlagen der Produktpolitik am Beispiel deutscher Weine 135
4.5.1.2. Produktentwicklung 136
4.5.1.3. Leistungsprogramm 140
4.5.1.4. Markenpolitik 141
4.5.1.5. Servicepolitik 144
4.5.2. Preispolitik 145
4.5.2.1. Grundlagen zur Preispolitik für deutsche Weine in den USA 145
4.5.2.2. Preisstrategie 146
4.5.2.3. Preisfindung 148
4.5.3. Kommunikationspolitik 151
4.5.3.1. Besonderheiten der Kommunikationspolitik in den USA 151
4.5.3.2. Kommunikationsziele und Zielgruppen 152
4.5.3.3. Kommunikationsstrategie und -instrumente 153
4.5.4. Distributionspolitik 161
4.5.4.1. Distributionssystem für importierte Weine in den USA 161
4.5.4.2. Distributionsstrategie 163

5. Offene Fragen deutscher Weingüter 170

6. Fazit und Ausblick 173

Literaturverzeichnis 176

Anhang 183

Anhang 1: E-Mail - Heinrich Breuer, Weingut Georg Breuer 183
Anhang 2: E-Mail – Christoph Graf, Weingut Reichsrat von Buhl 183
Anhang 3: E-Mail – Sonja Höferlin, Weingut Bürgerspital zum Heiligen Geist 184
Anhang 4: E-Mail – Marc Pohl, Wineconsale GmbH 185

Abbildungsverzeichnis

Abbildung 1:	Qualitätsstufen deutscher Weine	26
Abbildung 2:	Weinanbaugebiete in Deutschland nach Rebfläche	29
Abbildung 3:	Rebsorten in Deutschland	30
Abbildung 4:	Preispyramide des US-amerikanischen Marktes	32
Abbildung 5:	Internationaler Weinexport	40
Abbildung 6:	US-Weinverkäufe nach Rebsorten in „food stores"	41
Abbildung 7:	Über den Lebensmitteleinzelhandel vertriebene Weine in den USA	43
Abbildung 8:	Internationale strategische Marketingplanung	52
Abbildung 9:	Konzepte zur Umweltanalyse	54
Abbildung 10:	Branchenstrukturanalyse nach Porter	56
Abbildung 11:	Beispiel für ein Ressourcenprofil	60
Abbildung 12:	SWOT- Matrix	62
Abbildung 13:	Länderrisiko-Beurteilungskonzepte	65
Abbildung 14:	Formen des Auslandsmarkteintritts mit Produktion im Inland	69
Abbildung 15:	Indirekter Export	70
Abbildung 16:	Direkter Export	74
Abbildung 17:	Internationale produktpolitische Strategien	80
Abbildung 18:	Exportkalkulationsschema	87
Abbildung 19:	Incoterms	91
Abbildung 20:	Zielgruppengerichtete Verkaufsförderungsmaßnahmen	96
Abbildung 21:	Vertikale Absatzkanalstruktur	100

Abbildung 22:	Horizontale Absatzkanalstruktur	101
Abbildung 23:	Stärken und Schwächen aus der Unternehmensanalyse	121
Abbildung 24:	Chancen und Risiken der globalen Umwelt	123
Abbildung 25:	Chancen und Risiken der Unternehmensumwelt	124
Abbildung 26:	SWOT- Matrix für den Weinmarkt in den USA	125
Abbildung 27:	Distributionssystem für ausländische Weine in den USA	132
Abbildung 28:	Preiskalkulation vom Weingut zum Endverbraucher	149
Abbildung 29:	Weinabsatz in den USA	163

Abkürzungsverzeichnis

BRD	Bundesrepublik Deutschland
Bsp.	Beispiel
bspw.	beispielsweise
B-to-B	Business-to-Business
B-to-C	Business-to-Consumer
bzgl.	bezüglich
bzw.	beziehungsweise
ca.	circa
d.h.	das heißt
DWI	Deutsches Weininstitut
etc.	et cetera
EU	Europäische Union
EUR	Euro
evtl.	eventuell, -e
f	fort
ff	fort folgende
GmbH	Gesellschaft mit beschränkter Haftung
Ha	Hektar
Hj.	Halbjahr
hl	Hektoliter

i.d.R.	in der Regel
IHK	Industrie- und Handelskammer
Incoterms	International Commercial Terms
inkl.	inklusive
IP	Internet Protocol
ISWR	International Wines and Spirits Record
Inc.	Incorporated Company
Jh.	Jahrhundert
KfW	Kreditanstalt für Wiederaufbau
km^2	Quadratkilometer
L	Liter
Ltd.	Limited
min.	mindestens
Mio.	Million, -en
Mrd.	Milliarde, -n
n.Chr.	nach Christus
o.ä.	oder ähnliche, -s
o.V.	ohne Verfasser
PC	Personal Computer
PoS	Point of Sale
QbA	Qualitätsweine bestimmter Anbaugebiete

S.	Seite
sog.	sogenannte, -r
SWOT	Strength Weaknesses Opportunities Threats
Tsd.	Tausend
TV	Fernsehen
u.a.	unter anderem/ und andere
USA	United States of America
USD	United States Dollar
usw.	und so weiter
USP	Unique selling proposition
v.Chr.	vor Christus
vgl.	vergleiche
VIP	Very Important People
WWW	World Wide Web
z.B.	zum Beispiel
z.Zt.	zurzeit

Vorwort

Die hier präsentierte Arbeit wurde von Frau Silke Trick im Wintersemester 2008/09 als Master-Thesis im Fernstudiengang Sales and Marketing/Vertrieb und Marketing verfasst. Die Studie über den deutschen Wein und die Globalisierung - Marketingstrategie für den Absatz in internationale Märkte am Beispiel der USA" ist eine hervorragende Arbeit, bei der gerade die Besonderheiten des interdisziplinären Ansatzes des Studienganges Sales und Marketing in vorbildlicher Weise miteinander verknüpft wurden:

Die Arbeit zeugt insgesamt von einer ausgesprochen intensiven Auseinandersetzung mit der Thematik. In der Einleitung wird das Ziel der Arbeit vorgestellt und die gewählte Vorgehensweise skizziert. Ein roter Faden ist jederzeit erkennbar.

Die anderen Kapitel befassen sich mit der Darstellung der derzeitigen Situation auf dem deutschen Weinmarkt sowie in anderen ausgewählten Märkten. Daran anknüpfend wird eine umfangreiche theoretische Herleitung für eine Marketingstrategie in internationalen Märkten aus vielfältiger Literatur abgeleitet. In diesem Zusammenhang wird auch theoretisch fundiert diskutiert, warum es überhaupt zu einem Im- und Export zwischen zwei Ländern kommt, die beide Wein anbauen.

Aufbauend auf diesem literaturbasierten Fundament wird im vierten Kapitel eine strategische Analyse für den Absatz von deutschem Wein in den USA durchgeführt. Diese Analyse umfasst eine große Bandbreite angewendeter Verfahren und Instrumente, die von einer Umweltanalyse über eine SWOT-Analyse bis zur Entwicklung von Markteintritts- und Marktbearbeitungsstrategien für den amerikanischen Weinmarkt reichen. Insbesondere hinsichtlich der Marktbearbeitung wird in umfangreicher Weise das Instrumentarium des Marketing-Mix herangezogen und auf seine Eignung überprüft.

Ungeachtet der geleisteten Arbeit ist sich die Autorin bewusst, dass noch zahlreiche offene Fragen und Arbeitskomplexe bestehen, die sie in vorbildlicher Weise im fünften Kapitel thematisiert. Abgerundet werden die Ausführungen durch einen umfangreichen und informativen Anhang, der zu einer Vertiefung der vermittelten Kenntnisse beiträgt.

Die besondere Bedeutung der Master-Thesis resultiert daher, dass der Weinexport für viele deutsche Weingüter zum täglichen Geschäft gehört. Besonders die größeren und namhaften Weingüter und Weinkellereien exportieren einen Großteil ihrer Produkte ins Ausland. Die kleineren Weingüter sind meist überfordert mit dieser Aufgabe und orientieren sich an den Wettbewerbern, folgen Ratschlägen von Verbänden bzw. Instituten (z. B. Deutsches Weininstitut) oder exportieren nur sporadisch ins Ausland. Die in der Master-Thesis entwickelte Anwendung und Durchführung eines strategischen Vorgehens eröffnen auch und gerade kleineren Weingütern eine entsprechende Wettbewerbsperspektive. Die Vorstellung der Ergebnisse im Expertenkreis stieß daher auf großes Interesse und eine Umsetzung der skizzierten Vorgehensweise durch verschiedene Wettbewerber steht bevor. Spätestens die Publikation der Studie sollte hier für beobachtbare Veränderungen sorgen.

Auch vor diesem Hintergrund, insbesondere aber angesichts der inhaltlichen Qualität der Arbeit freue ich mich, die Studie von Frau Trick im Rahmen dieser Schriftenreihe einem größeren Publikum zugänglich machen zu können.

Wismar, im Juni 2009

Jost W. Kramer

Vorwort der Verfasserin

An dieser Stelle möchte ich mich bei allen bedanken, die mir geholfen haben, dass ich diesen Masterstudiengang vollenden konnte.

Dieser Dank gilt an erster Stelle meiner Tochter Johanna, die mir durch ihre pflegeleichte Art Zeit und Nerven für das Studium übrig gelassen hat. Meinem Mann möchte ich für die seelische und moralische Unterstützung während der letzten zwei Jahre danken. Ein ganz besonderer Dank gilt auch meinen Eltern, die immer dann eingesprungen sind, wenn es notwendig war und besonders schwierig wurde.

1. Einleitung

1.1. Entwicklung und Bedeutung des deutschen Weines im Ausland

Die Weinwirtschaft ist eine dynamische Branche, deren Handel sich weiter internationalisiert und globalisiert. Über die letzten zwei Jahrzehnte wurden im Durchschnitt 25% der gesamten Weinproduktion international gehandelt. Mit Beginn der 1980er Jahre wurden nur etwa 18% des konsumierten Weines weltweit importiert, im Jahre 2005 hat sich diese Zahl auf 33% erhöht. Diese wenigen Angaben zeigen einen Trend in der Weinbranche auf: „Wine is an international business."[1]

Deutschland gehört zu den kleineren Weinanbaunationen der Welt, nimmt aber trotzdem eine ganz besondere Stellung ein. Geographisch liegt Deutschland um den 51. Breitengrad, der als äußerste nördliche Grenze für den Weinanbau gilt. Auf deutschem Boden wächst mit dem Riesling eine Rebsorte, deren Weine schon im 19. Jh. zu den teuersten der Welt zählten.[2] Dies sind beste Voraussetzungen, den deutschen Wein auch international zu vermarkten.

Der deutsche Wein- und Sektkonsum lag im Jahr 2006 bei knapp 20 Millionen (Mio.) Hektoliter (hl)[3]. Damit liegt Deutschland auf Platz 3.[4] Tendenziell ist ein leichtes Wachstum erkennbar, gleichzeitig steigt aber auch die Anzahl importierter Weine weiter an. Der Marktanteil deutscher Weine im eigenen Land liegt bei nur noch ungefähr 52%[5]. Dies bedeutet, dass fast jede zweite getrunkene Flasche Wein in Deutschland importiert wird. Die Folgen für den Heimatmarkt sind begrenzte

---

1 Hall, Michael, C. / Mitchell, Richard: Wine Marketing, 2008, S. 36.

2 Vgl. Priewe, Jens: Weinwissen, 2007, S. 13f.

3 Ein Hektoliter entspricht 100 Liter.

4 Vgl. Branchenbild G&J: Gruner & Jahr Marktanalyse, 2007, S. 2.

5 Vgl. Branchenbild G&J: Gruner & Jahr Marktanalyse, 2007, S. 1.

Wachstumspotenziale sowie ein härterer Konkurrenzkampf mit Weinen aus sämtlichen Anbaugebieten weltweit.

Die deutschen Weinvermarkter müssen sich folglich stärker auf ausländische Märkte und den Export konzentrieren. In einigen Ländern steigt der Weinkonsum stetig. In China ist der Weinkonsum bspw. im Vergleich der Jahre 1985 bis 1989 von 0,33 Liter (l) pro Person im Jahr auf 7,8 l gestiegen. In den USA ist der jährliche Pro-Kopf-Weinkonsum seit den 1960er Jahren (6,8 l) um mehr als das doppelte auf knapp 13 l (2007) gestiegen.[6] In den Ländern mit steigendem Weinkonsum erhöht sich der Konsum heimischer, v.a. aber importierter Weine. Deutsche Winzer sind darauf angewiesen, ihre Weine auch international zu vermarkten. Im Jahr 2007 wurden etwa 3,1 Mio. hl Wein aus der BRD ausgeführt, was einer Mengensteigerung gegenüber dem Vorjahr von 7,7% entsprach.

Besonders der amerikanische Weinmarkt stellt sich für die heimischen Winzerbetriebe zunehmend interessanter dar. Dieser entwickelt sich seit einigen Jahren sehr dynamisch und gilt als der am schnellsten wachsende Markt weltweit. Allein zwischen 2004 und 2005 lässt sich in den USA ein wachsender Weinkonsum von etwa 10% feststellen.[7] Eine Studie, die im Rahmen der Vinexpo[8] durchgeführt wurde, erwartet, dass die USA im Jahre 2010 der größte Weinmarkt weltweit sein wird.[9]

---

6 Vgl. Hall, Michael, C. / Mitchell, Richard: Wine Marketing, 2008, S. 54f.

7 Vgl. www.gourmetreport.de/artikel/10675/Deutscher-Weinexport-weiter-erfolgreich.html, abgerufen am 04.04.08.

8 Die Vinexpo ist eine der größten und bedeutendsten internationalen Weinmessen für Produzenten, Händler, Journalisten und Konsumenten. Sie fand erstmalig im Jahre 1981 statt und derweil alle zwei Jahre in Bordeaux.

9 Vgl. www.europewine.com/weinmarkt1.html, abgerufen am 05.03.08.

1.2. *Zielsetzung und Vorgehensweise der Arbeit*

Ziel dieser Arbeit ist es, Marketingstrategien für den Absatz von deutschem Wein auf internationalen Märkten zu entwickeln. Neben der Beschreibung und Erklärung von internationalen Marketingstrategien liegt ein besonderer Schwerpunkt auf der praktischen Anwendung der theoretischen Grundlagen im Ländermarkt USA, mit einer Analyse des amerikanischen Weinmarktes und dem dortigen Konsumverhalten.

Einleitend wird im zweiten Kapitel die aktuelle Entwicklung des deutschen Weines dargestellt. Hierzu wird zunächst ein geschichtlicher Abriss dargestellt, der aufzeigt, wie der Weinanbau nach Deutschland gelangte, und dass der Weinexport schon früher eine entscheidende Rolle gespielt hat. Anschließend wird ein Blick auf die aktuelle Angebotsentwicklung auf dem deutschen Weinmarkt sowie auf die Import- und Exportsituation geworfen. Es folgt die Betrachtung des internationalen Weinmarktes bezüglich des Marktangebotes mit einem Fokus auf den Weinmarkt der USA.

Kapitel drei befasst sich mit den theoretischen Grundlagen der Marketingstrategien in internationalen Märkten. Zu Beginn des Kapitels werden Erklärungen für die Ursache von internationalem Weinhandel und -absatz unter Bezugnahme auf klassische Theorien des Außenhandels dargelegt. Im Anschluss wird der Ablauf der internationalen, strategischen Marketingplanung beschrieben, beginnend mit einer Situationsanalyse und deren Inhalten wie Umwelt- und Unternehmensanalyse. Es folgt die strategische Planung von Marktauswahl- über Markteintritts- bis hin zu Marktbearbeitungsstrategien.

In Kapitel vier folgt der praktische Teil der Arbeit, in dem zunächst der amerikanische Weinmarkt im Rahmen einer Situationsanalyse betrachtet wird. Entsprechend dieser Analyse werden Chancen und Risiken der Umwelt sowie interne Stärken und Schwächen herausgearbeitet. Die ersten strategischen Handlungsmöglichkeiten werden anschließend im Rahmen einer SWOT-Analyse erläutert. Im Folgenden wird zunächst eine Markteintrittsstrategie für den deutschen Wein in den US-Weinmarkt diskutiert und daraus abgeleitete Ansätze für mögliche Marktbearbeitungsstrategien für den Eintritt entwickelt.

Das fünfte Kapitel beschreibt dann weitere ungeklärte, aber wichtige Probleme, die sich für deutsche Weingüter bzw. Winzer bei einem Export in die USA ergeben. Diese konnten im Rahmen dieser Arbeit nicht beantwortet werden und gehen über das Kernthema der internationalen Marketingstrategien hinaus.

2. Der deutsche Wein - Markt und Entwicklungen

2.1. *Historie des deutschen Weines*

Wann und wo das erste Mal Reben kultiviert wurden und aus Trauben Wein erzeugt wurde, kann nicht mit Sicherheit festgestellt werden. Als mögliche Ursprungsregionen gelten Persien und auch Ägypten. Man kann davon ausgehen, dass Wein schon sehr früh angebaut wurde und auf die Zeit um 6000 v.Chr. zurückgeht.[10]

Um das Jahr 50 v.Chr. verbreiteten die Römer mit der Eroberung Germaniens im deutschsprachigen Raum die von den Griechen und Etruskern übernommene Weinkultur. Da der Weinexport aus dem römischen Kernland damit gefährdet war, erlies Kaiser Domitian (91 bis 96 n.Chr.) ein Gesetz, das Anlagen von Rebgärten in den Provinzen außerhalb Italiens verbot. Dort durfte nur noch Getreide angebaut werden, und die Exportzölle der römischen Winzer sollten wieder die Kassen des Staates füllen.

Der als „Weinkaiser"[11] bekannte römische Kaiser Probus förderte in seiner Amtszeit (276 bis 282 n.Chr.) den Weinanbau nördlich der Alpen und brach damit offiziell das italienische Monopol wieder auf.[12] Aus der folgenden, schwierigen Zeit der großen Völkerwanderung (etwa um 400 bis 500 n.Chr.) ist wenig über den Weinanbau bekannt. Allen Verwüstungen zum Trotz blieben die Weinanbaulandschaften an Mosel, Rhein, Neckar und Donau erhalten und damit auch das angeeignete Fachwissen in Sachen Wein. Im Jahr 496 n.Chr. nahm Chlodwig das Christentum an und schaffte ein fränkisches Einheitsreich. Er stellte die

---

[10] Vgl. Priewe, Jens: Weinwissen, 2007, S. 186.

[11] Vgl. www.wein.de/1419.0.html, abgerufen am 08.04.08.

[12] Vgl. Phillips, Roderick: Die große Geschichte des Weins, 2003, S. 314.

Weinkultur unter das Zeichen Christi.[13] Für Anbau, Verbreitung, Qualitätshebung und den Weinhandel waren fortan Kirche und Staat gemeinsam verantwortlich.

Unter Karl dem Großen wurde um 800 n.Chr. der Weinanbau bis zu den Ufern der Saale und Elbe ausgeweitet. Etwa 100 Jahre später wurde eine erste gesetzliche Regelung zur Beachtung von Sorgfalt und Hygiene beim Weinkeltern erlassen. Dem Mönchsorden der Zisterzienser (Gründung 1098 n.Chr.) können in Bezug auf den deutschen Weinanbau die ersten Erfolge zugeordnet werden. Sie führten den deutschen Weinanbau an die Spitze Europas. Über verschiedene Klöster erschlossen sie den Mindener und Münsteraner Raum, legten Weingärten an Havel und Oder an und brachten den Weinanbau aufgrund günstigerer Klimabedingungen sogar an die Ostsee. Der Wein war bald so begehrt, dass der Bedarf nicht mehr gedeckt werden konnte. „Vom Mittelalter bis in die Zeit des Barock war Wein das Getränk der Deutschen."[14]

Die stetig wachsende Weinanbaufläche erreichte um 1600 ihre größte Ausdehnung. Für die dann folgende Rückentwicklung machen Weinautoren zwei Ereignisse verantwortlich, eine Veränderung des Klimas sowie den Dreißigjährigen Krieg (1618 bis 1648). Durch die Zerstörung der Klöster gingen Kenntnisse über den Weinanbau verloren und dessen Weiterentwicklung wurde negativ beeinflusst. Der große Vorsprung des Weines gegenüber dem Bier ging verloren. Besonders der Verlust großer Teile des Wissens über den Weinanbau kann dafür verantwortlich gemacht werden, dass der Weinkonsum zurückging. Die gesellschaftlichen und kulturellen Veränderungen in Folge des Krieges führten dazu, dass Deutschland von nun an als Biertrinkernation bezeichnet werden konnte, ein Ruf, der bis heute gilt.

---

13 Vgl. Phillips, Roderick: Die große Geschichte des Weins, 2003, S. 318.

14 Vgl. Phillips, Roderick: Die große Geschichte des Weins, 2003, S. 323.

Bayern, Nord- und Ostdeutschland gingen für den Weinanbau komplett verloren. Der Dreißigjährige Krieg veränderte auch die politischen Grenzen in Deutschland, zahlreiche Kleinstaaten wurden gebildet. Für den Weinanbau hatte dies weitreichende Konsequenzen und der Weinhandel geriet in eine Krise. Der Weg vom Winzer zum Konsumenten wurde teurer, da viele Zölle und Abgaben erhoben wurden, die durch Preiserhöhungen wieder ausgeglichen werden mussten. Viele konnten sich den Wein nicht mehr leisten, und er wurde zum Privileg der Reichen.[15]

Die Kirchenfürsten hatten weiterhin ein starkes Interesse Wein anzubauen, da sie Messwein für ihre Liturgien benötigten. Die Epoche des Barock verlieh dem Wein den Status des Besonderen, Auserwählten und Elitären. In den Regionen um Rhein und Mosel erlebte der Weinanbau einen neuen Höhepunkt. Die Qualität des Weines konnte gesteigert werden. Prädikatsbezeichnungen wie „Kabinett", „Spätlese" und „Auslese" wurden in dieser Zeit vornehmlich im Rheingau entwickelt.[16]

Anfang des 19. Jahrhunderts wurde die Tradition des klösterlichen Weinanbaus beendet und der kirchliche Besitz privatisiert. Die neuen Besitzer, deutsche Fürstenhöfe, pflegten die französische Lebensart. Die Qualität des Weines spielte dabei eine immer größer werdende Rolle. Ende des 19. Jh. erlitt der Weinanbau mit Einschleppung der Reblaus aus Amerika einen großen Rückschlag. Zu dieser Zeit reduzierten sich die Anbaugebiete auf die heute noch existierenden Regionen. Weinanbau- und Forschungsanstalten intensivierten die Zusammenarbeit mit Winzern. Sie boten Schulungen an, die die Winzer mit Techniken der Weinbergspflege vertraut machen sollten. 1868 führten soziale Unruhen unter den Winzern zur Gründung von Winzergenossenschaften.

---

[15] Vgl. Phillips, Roderick: Die große Geschichte des Weins, 2003, S. 328.

[16] Vgl. www.wein.de/1419.0.html, abgerufen am 08.04.08.

Wein galt überwiegend als Luxusgut, der v.a. zu besonderen Anlässen getrunken wurde. Im Jahre 1920, zu Zeiten der Weimarer Republik, sank der Pro-Kopf-Verbrauch auf drei Liter. Als 1925 die erste Republik für spanischen Wein geöffnet wurde, verzeichnete der deutsche Wein kaum noch Absatz. Im Jahre 1945 eröffneten sich mit der Befreiung durch die Alliierten neue Wege für den Wein. „Cheap and sweet" hieß das Prinzip der Besatzer, besonders die Amerikaner liebten die „Liebfrauenmilch".[17] Der Wein in den frühen Jahren der BRD war als preiswerte Stapelware mit hoher Süßreserve[18] gekennzeichnet. Durch die in Mode gekommenen Urlaubsreisen der Deutschen in Italien und den dortigen Weinkonsum nahm auch der Weinkonsum im eigenen Land wieder zu.[19]

In den 1970er Jahren brach der Weinmarkt durch einen Skandal in Westdeutschland und Österreich völlig zusammen. Österreichische Weinproduzenten hatten mit Glykol[20] versetzten Wein in deutschen Supermärkten verkauft. Tragisch war, dass ehrliche Winzer in der BRD und Österreich in Folge des Skandals in Existenznot geraten waren. Darüber hinaus eroberten ausländische Weine nun die Regale deutscher Supermärkte. Im Jahr 1983 folgte ein weiterer Skandal, die Manipulation der Süßreserve von Prädikatsweinen mit Hilfe von Flüssigzucker. Das Vertrauen in den deutschen Wein war vollkommen zerstört.

Etwa zehn Jahre später brachte eine neue Generation von Winzern einen neuen modernen Geist in die deutsche Weinwelt. Sie produzierten

---

17 Der Begriff Liebfrauenmilch wird v.a. im Ausland für einfache, liebliche deutsche Weißweine gebraucht. Sie wird meist aus Müller-Thurgau-Trauben gewonnen, durchaus aber auch aus Riesling, Kerner oder Silvaner. Der Ursprung der Liebfrauenmilch stammt aus den Weinbergen rund um die Liebfrauenkirche in Worms.

18 Als Süßreserve wird geschwefelter Traubenmost bezeichnet, der zur Süßung von Weinen eingesetzt wird.

19 Vgl. Phillips, Roderick: Die große Geschichte des Weins, 2003, S. 342f.

20 Das Frostschutzmittel Glykol gilt als günstiger Zuckerersatzstoff.

qualitativ hochwertige Weine, die niemand vom deutschen Weinanbau erwartet hätte. Die jungen Winzer reisten viel, bildeten sich weiter, reduzierten den Rebanbau und setzten moderne Kellertechniken ein. Darüber hinaus fand ein Geschmackswandel statt, der die trockenen Weine mehr in den Vordergrund rückte. Dennoch waren auch die auf Weltniveau ausgebauten Spezialitäten mit Restzucker weiterhin beliebt. Die qualitativ hochwertigen Weine der Weinanbaugebiete um Neckar, Main, Rhein und Mosel wurden wiederentdeckt.[21]

Die Geschichte des deutschen Weines veranschaulicht, dass die Tradition, Reben zu kultivieren und aus den Trauben Wein herzustellen, schon sehr lange vor der heutigen Zeit bestand. Über die Jahrhunderte haben sich die Hygiene bei der Weinherstellung und die Qualität des Weines enorm verändert und verbessert. Was über die Zeit geblieben ist, ist die Kultur des Weintrinkens in der deutschen Bevölkerung. Deutschland zählt mit seinem Weinanbau zur sog. *Alten Welt*.[22]

2.2. *Aktuelle Marktentwicklungen*

2.2.1. Aktuelle Daten zum Weinmarkt in Deutschland

2.2.1.1. Qualitätsstufen deutscher Weine

In Deutschland gibt es mehr verschiedene Qualitätsbezeichnungen für Weine als in vielen anderen Ländern. Das deutsche Weingesetz regelt die Einteilung der Weine in Qualitätskategorien, die anhand einiger Anforderungen und Vorschriften voneinander abgegrenzt werden können. Grundsätzlich werden zwei Kategorien unterschieden: Tafelweine und Qualitätsweine (Abbildung 1).

---

21 Vgl. Phillips, Roderick: Die große Geschichte des Weins, 2003, S. 344.

22 Zur *Alten Welt* gehören hauptsächlich die Weinanbaugebiete von Europa. Die Menschen dort sind mit Wein aufgewachsen, trinken ihn zu fast jeder Mahlzeit und es gibt keinen Unterschied beim Weinkonsum zwischen verschiedenen sozialen Klassen bzw. Schichten.

Abbildung 1: Qualitätsstufen deutscher Weine

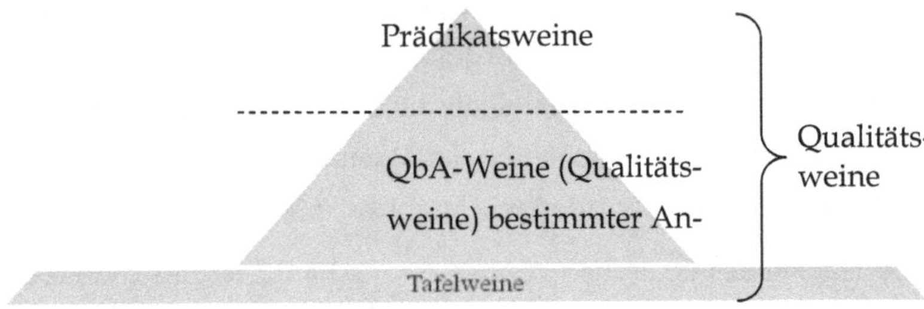

Quelle: Eigene Darstellung.

Tafelweine stellen die untere Stufe der Qualitätspyramide dar. Ein großer Teil der Tafelweine wird nicht in Flaschen gefüllt, sondern fassweise gehandelt. Es existieren ein Mindestmostgewicht bei Tafelweinen von 50 Grad Öchsle[23] sowie ein Mindestsäuregehalt von 4,5 Gramm pro Liter. Bei Tafelweinen müssen weder die Rebsorten noch der Jahrgang auf dem Etikett angegeben werden. Ein Verschnitt zwischen Weinen aus EU-Ländern ist ebenfalls erlaubt.

Die höhere Stufe in der Qualitätspyramide sind Qualitätsweine, welche in Qualitätsweine bestimmter Anbaugebiete (QbA-Weine) und Prädikatsweine unterteilt werden. Für Qualitätsweine gelten restriktivere Vorschriften als für Tafelweine.

Für QbA-Weine gelten zahlreiche Anforderungen. Es wird ein Grenzwert für den Mindestalkoholgehalt nach Rebsorte und Anbaugebiet festgelegt. Neben der Entsäuerung der Weine ist eine Säurezugabe er-

[23] Öchslegrad: in Deutschland gebräuchlichste Maßeinheit zur Bestimmung des Mostgewichts. Als Mostgewicht wird die Menge des Zuckers, der im Traubensaft gelöst ist, bezeichnet.

laubt, allerdings nur, wenn nicht gleichzeitig der Alkoholgehalt erhöht wird. Darüber hinaus sind auch die Zusatzstoffe, die dem Wein zugesetzt werden dürfen genau festgelegt. Die Trauben für den Qualitätswein müssen zu 100% aus einem der 13 deutschen Anbaugebiete stammen und ein Mindestmostgewicht je nach Gebiet zwischen 50 und 72 Grad Öchsle aufweisen. Die Qualitätsweine dürfen ebenso wie die Tafelweine mit Zucker angereichert (chaptalisiert) werden. Der Alkoholgehalt darf ebenfalls geringfügig erhöht werden.

Die höchste Stufe innerhalb der Qualitätskategorien bilden die Prädikatsweine. Bei Prädikatsweinen darf der Alkoholgehalt nicht durch Zucker angereichert werden. Es existieren sechs verschiedene Prädikate, die je nach Rebsorte und Anbaugebiete unterschiedliche Mindestmostgewichte haben müssen.

Die Prädikate in aufsteigender Reihenfolge sind:

- Kabinett (leichte Weine aus reifen Trauben mit geringem Alkoholgehalt),
- Spätlese (elegante Weine mit feiner Frucht, die Trauben werden etwas später geerntet),
- Auslese (edle Weine aus vollreifen Trauben, Aussonderung von unreifen Trauben),
- Beerenauslese (fruchtige Weine aus überreifen, edelfaulen24 Trauben),
- Trockenbeerenauslese (aus rosinenartig eingeschrumpften edelfaulen Trauben, süß und honigartig) und

---

24 Edelfäule entsteht, wenn reife Weißweinbeeren unter günstigen äußeren Bedingungen von dem Botrytispilz befallen werden.

- Eiswein (gleiches Mindestmostgewicht wie Beerenauslese; Trauben müssen bei minus sieben Grad Celsius gelesen und gefroren gekeltert werden, so wird nur das Frucht-Konzentrat ausgepresst).[25]

Jeder deutsche Wein muss mit einer der beschriebenen Qualitätsbezeichnung deklariert werden.[26]

2.2.1.2. Marktangebot

Deutschland ist eine der ältesten und bedeutendsten Weinanbaunationen Mitteleuropas. Bis auf das Weinanbaugebiet Baden gehören die deutschen Rebflächen zu der kühlsten Weinanbauzone auf dem Kontinent. Aufgrund der Lage wird Wein überwiegend an Steilhängen enger Flusstäler angebaut, um auch bei tiefstehender Sonne Licht und Wärme nutzen zu können. Das vorherrschende Klima hat zudem den Vorteil, dass Qualitätsweine wie Beerenauslesen und Eiswein produziert werden können. Auf einer Anbaufläche von ca. 102.500 Hektar (ha) werden ungefähr 10 Mio. hl Wein im Jahr erzeugt. Davon werden etwa 3,1 Mio. hl[27] exportiert. Im Vergleich mit anderen Weinanbaunationen steht Deutschland mit der Größe seiner Rebfläche weltweit an 17. Stelle, bei den Produktionsmengen von etwa acht bis zwölf Mio. hl an sechster und mit den Exportmengen an siebter Stelle.[28] Deutschland ist weltweit der größte Weinimporteur, obwohl die Deutschen mit ihrem Pro-Kopf-Verbrauch international nur an 13. Stelle stehen. Insgesamt gibt es in Deutschland 13 Weinanbaugebiete, von denen Rheinhessen die größte

---

25 Für die Eisweinherstellung in Amerika ist es erlaubt, geerntete Trauben einzufrieren und anschließend zu keltern.

26 Vgl. Priewe, Jens: Weinwissen, 2007, S. 437ff; Vgl. www.germanwine.de/, abgerufen am 20.06.08.

27 Vgl. Deutscher Wein Exportbrief: Deutsches Weininstitut GmbH (Hrsg.), 2008, S. 3.

28 Vgl. F.A. Brockhaus, Mannheim (Hrsg.): Der Brockhaus Wein, 2005, S. 138f.

Rebfläche bietet und Sachsen das kleinste Anbaugebiet darstellt (Abbildung 2).

Abbildung 2: Weinanbaugebiete in Deutschland nach Rebfläche

Anbaugebiet	Ertragsrebfläche in Hektar*	Qualitätsstufen in %**		
		Tafelweine	QbA-Weine	Prädikatsweine
Rheinhessen	26.334	7,5	61,1	31,4
Pfalz	23.389	8,4	71,9	19,7
Baden	15.892	0,8	44,0	55,2
Württemberg	11.526	0,1	13,9	86,0
Mosel - Saar - Ruwer	8.981	0,8	67,8	31,4
Franken	6.081	0,5	15,5	84,0
Nahe	4.135	2,1	56,9	40,9
Rheingau	3.097	0,0	20,4	79,6
Saale-Unstrut	665	0,1	72,5	27,3
Ahr	552	0,4	91,1	8,5
Mittelrhein	457	1,4	51,9	46,7
Hessische Bergstraße	436	0,0	24,0	76,0
Sachsen	441	1,8	20,3	77,9
Gesamt	**101.986**	**2**	**47**	**51**

* Zahlen aus 2007

** Zahlen aus 2006

Quelle: In Anlehnung an Deutsches Weininstitut GmbH (Hrsg.): Deutscher Wein Statistik 2007/2008, S.10 und Statistisches Bundesamt: Fachserie 3, Reihe 3.1.5., zur Verfügung gestelltes Material des Statistischen Bundesamt, S. 2.

Jedes Weinanbaugebiet verfügt über andere Bodenbeschaffenheiten. Neben den unterschiedlichen Bodenarten herrschen in jedem der 13 Anbaugebiete unterschiedliche klimatische Bedingungen. Dies hat zur Folge, dass deutsche Weine nicht „uniform" schmecken.[29]

Es gibt in Deutschland etwa 60.500 Winzerbetriebe. Etwas mehr als die Hälfte dieser Betriebe (54%) bewirtschaftet eine Anbaufläche mit weniger als einem halben Hektar, 15% bearbeiten etwa einen Hektar, 24% bis

[29] Vgl. www.wein.de/124.0.html, abgerufen am 05.06.08.

zu fünf Hektar, die restlichen sieben Prozent der Betriebe mehr als fünf Hektar. Viele Winzer sind nur noch als Nebenerwerbslandwirte tätig.[30]

Deutschland kann als Land des Weißweins bezeichnet werden, die Nachfrage nach Rotweinen wächst allerdings stetig. Bezogen auf die Produktionsmenge werden auf 63% der Rebflächen Deutschlands Weißweintrauben angebaut, auf den verbliebenen 37% Rotweintrauben.[31] Die häufigste anzutreffende Rebsorte auf deutschem Boden ist der Riesling mit ungefähr 20% der gesamten Anbaufläche. Darauf folgen Müller-Thurgau mit ca. 17%, gefolgt und Spätburgunder mit ca. 10% (Abbildung 3).

Abbildung 3: Rebsorten in Deutschland

Rebsorten bis 1.000 ha	ha*	%*
Riesling	21.197	20,8
Müller-Thurgau	13.988	13,7
Spätburgunder	11.807	11,6
Dornfelder	8.231	8,1
Silvaner	5.314	5,2
Portugieser	4.683	4,6
Grauburgunder	4.382	4,3
Kerner	4.004	3,9
Weißburgunder	3.491	3,4
Trollinger	2.518	2,5
Schwarzriesling	2.424	2,4
Regent	2.183	2,1
Bacchus	2.113	2,1
Scheurebe	1.781	1,7
Lemberger	1.664	1,6
Gutedel	1.123	1,1
Chardonnay	1.087	1,1

*Zahlen aus 2006

Quelle: Deutsches Weininstitut GmbH (Hrsg.): Deutscher Wein Statistik 2007/2008, S. 7.

---

[30] Vgl. www.ruesing-weine.de/-app.php?mode=wiki&page=Weinanbau.Htm&W_Session=ebe714f4be12566611c4ddabf631ebd7#Weinanbau_in_Zahlen, abgerufen am 15.08.08.

[31] Vgl. Deutsches Weininstitut GmbH (Hrsg.): Deutscher Wein Statistik 2007/2008, S. 7.

Im Rheingau wird auf etwa 78% der gesamten Rebfläche Riesling angebaut. Im Vergleich mit anderen Anbaugebieten in Deutschland liegt der Rheingau mit dem Anbau von Rieslingtrauben an erster Stelle.[32] Zu den deutschen Spezialitäten zählen einerseits trockene und süße Rieslinge und andererseits edelsüße Beeren- und Trockenbeerenauslesen sowie Eisweine. Abbildung 2 zeigt, welches deutsche Anbaugebiet, wie viel Prozent der verschiedenen Qualitätsstufen produziert. Fast die gesamte Produktionsmenge eines Jahrgangs, etwa 90%-98%, gehört in die Kategorie der Qualitätsweine. Je hochwertiger ein Wein letztendlich ausgebaut wird, desto geringer ist die Menge. Die einzelnen Qualitätsstufen sind allerdings nicht an Geschmackstypen gebunden, so dass jeder Winzer seinem Wein einen eigenen Geschmack geben kann. In anderen Ländern gibt es ebenfalls Einteilungen nach Qualitäten, die aber im Vergleich mit Deutschland andere Stufen und Bezeichnungen beinhaltet.

Die deutschen Weine können anhand der Preise für den amerikanischen Markt in Segmente eingeteilt werden. Während der deutsche Markt über traditionelle Qualitätsstufen wie QbA- oder Prädikatsweine wie Kabinettweine, Spätlesen und Auslesen eingeteilt werden kann, ist diese Unterscheidung für den US-Markt nicht anwendbar. Die US-Amerikaner kennen das deutsche Qualitätsstufenprinzip nicht und unterscheiden die Qualität des Weines hauptsächlich anhand des Preises. Aufgrund dessen werden die Weine nachfolgend nach Preissegmenten unterteilt. Es gibt neben einem Basis-Segment ein Premium-Segment, ein Superpremium-Segment, ein Ultrapremium-Segment sowie ein „Kult"-Segment. Im Basis-Segment befinden sich Weine, die in den USA unter fünf USD kosten. Im Premium-Segment kosten die Weine zwischen fünf und sieben USD, Weine zwischen sieben und 14 USD wer-

---

32 Vgl. Deutsches Weininstitut GmbH (Hrsg.): Deutscher Wein Statistik 2007/2008, S. 6.

den dem Superpremium-Segment zugerechnet. Für einen Wein im Ultrapremium-Segment bezahlt der US-Konsument zwischen 14 und 50 USD und das „Kult"-Segment zeichnet Weine über 50 USD aus.[33]

Abbildung 4: Preispyramide des US-amerikanischen Marktes

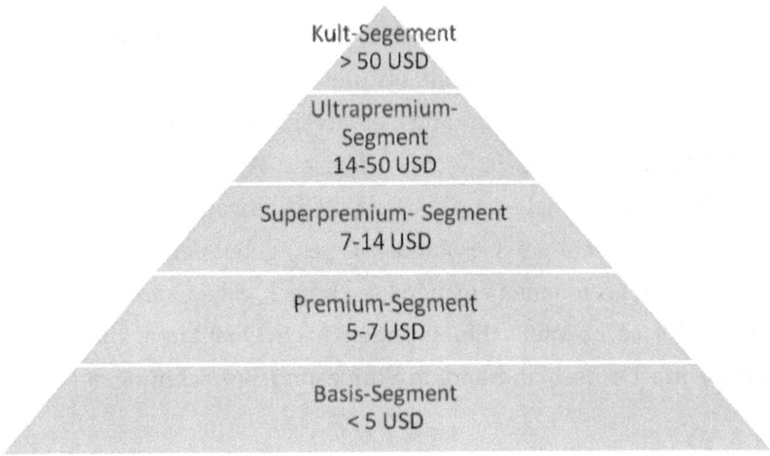

Quelle: In Anlehnung an Schätzel, Otto: Der deutsche Weinmarkt, Präsentation vom 02.05.08.

2.2.1.3. Import- und Exportsituation

Statistiken zeigen, dass in Deutschland ausländische Weine immer beliebter werden. Deutschland ist weltweit der größte Weinimporteur. Im Jahr 2006 wurden 1,2 Milliarden (Mrd.) Liter Wein nach Deutschland importiert. Die größten Weinimporteure der Europäischen Staaten sind Italien (546 Mio. l), Frankreich (214 Mio. l) und Spanien (167 Mio. l). Im Vergleich mit dem Vorjahr (2005) konnten Italien und Frankreich ihre Exportmengen nach Deutschland erhöhen, während die eingeführte Menge aus Spanien rückläufig war. Bei den außereuropäischen Weinlieferländern gewinnt die USA stetig an Bedeutung. Im Jahr 2006 wurde eine Menge von 47 Mio. Liter nach Deutschland importiert. Dies bedeu-

---

[33] Vgl. Schätzel, Otto: Der deutsche Weinmarkt, Präsentation vom 02.05.08.

tet im Vergleich mit den Einfuhrmengen im Jahr 2000 einen Anstieg um 94%. Es folgen Chile (45 Mio. l), Australien (40 Mio. l) und Südafrika (38 Mio. l).[34]

Deutsche Weine sind nicht nur im Inland gefragt, sondern gewinnen auch im Ausland zunehmend an Bedeutung. Beim Weinexport belegt Deutschland den achten Rang. Die Ausfuhrmenge aus der Bundesrepublik stieg im Jahr 2007 auf 3,1 Mio. hl. Dies bedeutet gegenüber dem Vorjahr einen Anstieg von etwa 7,7%. Die fünf wichtigsten Exportländer für deutschen Wein sind Großbritannien (0,8 Mio. hl), die Niederlande (0,5 Mio. hl), die USA (0,3 Mio. hl), Schweden (0,2 Mio. hl) und Russland (0,1 Mio. hl).[35] Von der exportierten Ware waren 2007 etwa 85% als Flaschenweine ausgeliefert worden, der Rest wurde als Fassware verkauft. Betrachtet man die verschiedenen Qualitätsstufen, handelte es sich bei 66% der exportierten deutschen Weine um Qualitätsweine (mit und ohne Prädikat) und bei lediglich 34% um Tafelweine.[36] Da in Deutschland mehrheitlich Qualitätsweine (mit und ohne Prädikat: 98%, vgl. Abbildung 2) hergestellt werden, wird deutlich, dass mengenmäßig überproportional viel Tafelwein exportiert wird.

Bei einem Blick auf die Ausfuhr der Weine nach Rebsorten wird sichtbar, dass mengenmäßig zwar mehr Weißwein exportiert wird, allerdings mit Rotweinen höhere Preise erzielt werden können. Im Jahr 2007 wurden knapp 2,0 Mio. hl Weißweine ins Ausland verkauft (im Vorjahr 1% weniger). Bei Rotweinen betrug die Exportmenge (ca. 1,0 Mio. hl) im Jahr 2007 23% mehr als im Vorjahr.[37] Rotwein wächst demnach in seiner

---

34 Vgl. www.destatis.de/jetspeed/portal/cms/Sites/destatis/Internet/DE/-Presse/pm/zdw/2007/ PD07_029__p002.psml, abgerufen am 05.03.08.

35 Vgl. Deutscher Wein Exportbrief: Deutsches Weininstitut GmbH (Hrsg.), 2008, S. 3.

36 Vgl. www.vdw-weinexport.de/export0.htm, abgerufen am 06.06.08.

37 Vgl. Deutscher Wein Exportbrief: Deutsches Weininstitut GmbH (Hrsg.), 2008, S. 3.

Bedeutung und gewinnt an Ansehen im Ausland. Insgesamt steigen die Preise für Weinexporte seit dem Jahr 1975 stetig an. Während im Jahr 1975 etwa 155 EUR/ hl erwirtschaftet werden konnten, waren es im Jahr 2006 schon 193 EUR.[38] Die höchsten Preise wurden 2007 mit Qualitätsweinen erzielt. Durchschnittlich konnten pro hl Qualitätswein 246 EUR erzielt werden, bei roten Qualitätsweinen waren es sogar 548 EUR.[39]

Die Rebsorte, die international am Meisten an Ansehen gewonnen hat, ist die deutsche Spezialität Riesling. In Deutschland liegen etwa 60 % der weltweiten Rieslingreben. Riesling ist die Weinsorte, die im Jahr 2007 in den USA die größten Absatzzuwächse im Lebensmittelhandel zu verzeichnen hatte.[40] Bei den US-Amerikanern steht Deutschland mit einem Importwert von 142 Mio. USD an siebter Stelle der US-Weinimportländer. Die Umsätze haben sich seit 2002 verdreifacht, der Durchschnittspreis, der mit einem Liter Wein erzielt werden kann, liegt bei 3,55 EUR.[41] Im Vergleich dazu erhält man in Großbritannien für einen Liter Wein durchschnittlich nur etwa 1,52 EUR, in Russland nur 1,31 EUR. Über de in den USA erzielten Preis liegen nur noch die in Japan, wo etwa 3,79 EUR/l erwirtschaftet werden können.[42]

---

[38] Vgl. Deutsches Weininstitut GmbH (Hrsg.): Deutscher Wein Statistik 2007/2008, S. 16.

[39] Vgl. Deutscher Wein Exportbrief: Deutsches Weininstitut GmbH (Hrsg.), 2008, S. 3.

[40] Vgl.www.germanwine.de/10861+M5c96057aa02.html?&tx_ttnews[tt_news]=40, abgerufen am 05.06.08.

[41] Vgl. www.germanwine.de/10861+M55a73c02375.html?-&tx_ttnews%5Btt_news%5 D=162, abgerufen am 05.06.08.

[42] Vgl. www.vdw-weinexport.de/export0.htm, abgerufen am 06.06.08.

2.2.2. Entwicklung auf internationalen Märkten

2.2.2.1. Internationale Weinmärkte

Das vergangene 20. Jahrhundert wird auch als das „Goldene Zeitalter des Weins“[43] bezeichnet. Der Weinanbau wurde nicht nur qualitativ verbessert, sondern auch auf neue Anbaugebiete ausgeweitet. Der Weinanbau konzentriert sich auf den so genannten Weltrebengürtel, welcher in Europa etwa zwischen dem 40. und dem 50. Breitengrad liegt.[44] Die weltweiten Weinanbaugebiete werden generell in eine „Old World“ (im Folgenden immer *Alte Welt*) und eine „New World“ (*Neue Welt*) unterteilt. Zur *Alten Welt* gehören hauptsächlich die Weinanbaugebiete von Europa. Definiert ist die *Alte Welt* dadurch, dass „...wine is a part of everyday life for millions people.“[45] Dies bedeutet, dass die Menschen dort mit Wein aufgewachsen sind, ihn zu fast jeder Mahlzeit trinken und es keinen Unterschied beim Weinkonsum zwischen verschiedenen sozialen Klassen bzw. Schichten gibt. Regionen, die der *Neuen Welt* zugerechnet werden, sind bspw. Weinanbaugebiete in Nord- und Südamerika, Asien, Südafrika, Australien und Neuseeland. Der Weinkonsum in diesen Gebieten ist ein Symbol für „...status, knowledge and power“.[46]

Europa zählt wie bereits dargestellt, zur *Alten Welt*. Etwa 60% der weltweiten Weinproduktion geht auf Europa zurück, ebenso 60% des globalen Weinkonsums.[47] Darüber hinaus ist Europa ein großer Exporteur und der größte Importmarkt für Wein.

---

[43] Priewe, Jens: Weinwissen, 2007, S. 9.

[44] Vgl. Priewe, Jens: Weinwissen, 2007, S. 12.

[45] Hall, Michael, C. / Mitchell, Richard: Wine Marketing. A practical Guide, S. 4.

[46] Hall, Michael, C. / Mitchell, Richard: Wine Marketing. A practical Guide, S. 4.

[47] Vgl. Hall, Michael, C. / Mitchell, Richard: Wine Marketing. A practical Guide, S. 47.

Frankreich ist eines der ältesten und renommiertesten Weinanbaugebiete der Welt. Mit einer produzierten Weinmenge von durchschnittlich 50 bis 55 Mio. hl pro Jahr liegt Frankreich auf Platz zwei und repräsentiert damit einen Anteil von 30,6% der gesamten Produktion in Europa. Die häufigsten Rebsorten sind (2006) Carignan (11%), Merlot (11%), Grenache (10%) und Ugni Blanc (10%).[48] Danach folgen Cabernet Sauvignon (Rebfläche 2002: 55.600 ha), Shiraz (55.000 ha) und Chardonnay (38.200 ha).[49] Die französischen Winzer haben sich hauptsächlich auf Rotweine spezialisiert. Frankreich weist einen Pro-Kopf-Verbrauch von etwa 54,8 l Wein im Jahr (2004)[50] auf (Deutschland in 2004: 23,7 l; USA in 2007: 13 l[51]). Die französischen Winzer befinden sich seit einigen Jahren in einer Krise. Sie verlieren nicht nur auf dem US-Weinmarkt, sondern auch weltweit Marktanteile. Einerseits wird die Konkurrenz aus der *Neuen Welt* für Rotweine wie Cabernet Sauvignon, Merlot etc. immer größer, andererseits haben es die französischen Erzeuger viele Jahre versäumt, ihre Weine den Anforderungen des internationalen Marktes anzupassen. Sie scheuen sich, kundenfreundlichere Weinqualitäten herzustellen.[52]

Italien ist eines der ältesten und größten Weinanbaugebiete der Welt. Produziert werden durchschnittlich bis zu 58 Mio. hl im Jahr[53] (2006) (28,5% der EU-weiten Produktion[54]). Die drei wichtigsten Rebsorten

---

48 Vgl. , Priewe, Jens: Weinwissen, 2007, S. 64.

49 F.A. Brockhaus, Mannheim (Hrsg.): Der Brockhaus Wein, 2005, S. 183.

50 Vgl. Deutsches Weininstitut GmbH (Hrsg.): Deutscher Wein Statistik 2007/ 2008, 2007, S. 22.

51 Vgl. Deutsches Weininstitut GmbH (Hrsg.): Deutscher Wein Exportbrief 1/08, 2008, S. 28.

52 Vgl. Hoffmann, Dieter: Der Weinmarkt in der Welt, in: Agrarwirtschaft 57, Heft 1, 2008, S. 80.

53 Vgl. Priewe, Jens: Weinwissen. Von A wie Aroma bis Z wie Zweigelt, 2007, S. 88.

54 Vgl. Hall, Michael, C. / Mitchell, Richard: Wine Marketing. A practical Guide, S. 47.

sind Trebbiano (12%), Sangiovese (10%) und Barbera (6%). Das Verhältnis von Rot- zu Weißwein beträgt nahezu 50%. Der jährliche Weinkonsum pro Kopf beträgt 55 l. Bis in die 1970er-Jahre lag dieser Wert noch bei über 100 l/ Kopf.[55] Dies zeigt, dass der Pro-Kopf-Verbrauch auch in Italien sehr stark zurückgegangen ist. Gleichzeitig ist der Bierkonsum um ein Drittel auf ca. neun Liter gestiegen - mit steigender Tendenz.

Spanien ist flächenmäßig (1,2 Mio. ha) das bedeutendste Weinanbauland der Welt. Die produzierte Menge liegt mit etwa 30 bis 40 Mio. hl im Jahr (2006) hinter Italien und Frankreich. Die wichtigsten Rebsorten sind Airén (19%), Garnacha (8,8%) und Tempranillo (6,6%). Die Spanier trinken im Jahr etwa 38 l Wein pro Kopf.[56]

Länder wie Portugal, Ungarn, Griechenland, Österreich, Slowenien, die Slowakei, Zypern, Luxemburg und Malta sind weitere Weinanbauregionen in Europa, die aber im Verhältnis eher kleine Weinmengen produzieren.

Die in Europa produzierten Weine können grundsätzlich in zwei Kategorien unterteilt werden: Tafelweine (40%) und Qualitätsweine (60%). Die Verteilung variiert je nach Mitgliedsstaat. Einige Mitgliedsstaaten haben alle ihrer Weine als Qualitätsweine eingestuft. Die Verordnungen der EU sind sehr komplex und in den letzten Jahren hat die Anzahl an QbA-Weinen enorm zugenommen. Dies führt zur Verunsicherung der Verbraucher. Darüber hinaus gibt es starre Vorschriften für die Etikettierung von Weinen, die die Vermarktung der europäischen Weine enorm erschweren.[57]

---

[55] Vgl. F.A. Brockhaus, Mannheim (Hrsg.): Der Brockhaus Wein, 2005, S. 228.

[56] Vgl. Priewe, Jens: Weinwissen. Von A wie Aroma bis Z wie Zweigelt, 2007, S. 132.

[57] Vgl. http://europa.eu/rapid/pressReleasesAction.do?reference=MEMO-/06/245&format=HTML &aged=1&language=DE&guiLanguage=en, abgerufen am 24.08.08.

Die europäischen Länder sehen sich zudem einer immer größer werdenden Konkurrenz ausgesetzt - der *Neuen Welt.* Die Entwicklung der Produktionszuwächse in der *Neuen Welt* ist enorm, z.B. USA: +26%, Australien: +169% und Neuseeland: +240%.

Von den Ländern der *Neuen Welt* sind die USA, im wesentlichen Kalifornien, der größte Weinproduzent. Im globalen Vergleich sind die USA der viertgrößte Weinproduzent nach Frankreich, Italien und Spanien. Es folgen Argentinien, Australien, China, Südafrika und Chile als weitere große Weinproduzenten der *Neuen Welt* innerhalb der 15 größten Weinanbaugebiete weltweit. Der größte Weinexporteur nach hl der *Neuen Welt* ist Australien.

Australien gilt derzeit zudem als das dynamischste Anbaugebiet der *Neuen Welt.* Trotz eines hohen Pro-Kopf-Verbrauchs in 2007 von 22,5 l Wein pro Jahr[58] ist nur ein geringer Teil der gesamten Produktion (2007: 9,55 Mio. hl) für den eigenen Bedarf bestimmt. Australien steht mit seinem Export (2007: 7,85 Mio. hl) an vierter Stelle der weinexportierenden Nationen. Die USA importierten im Jahr 2007 2,04 Mio. hl australischen Wein und sind damit zweitgrößtes Importland australischer Weine.[59] Für den australischen Weinanbau ist der hohe Konzentrationsgrad charakteristisch. Mehr als 80% der gesamten Weinproduktion befindet sich in der Hand von nur zehn Kellereigruppen. Darüber hinaus ist eine Arbeitsteilung historisch gewachsen: Die Trennung in Traubenproduktion und Weinerzeugung. Die wichtigsten und am meisten kultivierten Rebsorten in Australien waren im Jahr 2006 Shiraz (21%), Cabernet Sauvignon (17%), Chardonnay (13,7%) und Merlot (5%). Schaumweine spielen in der australischen Weinerzeugung eine eher untergeordnete Rolle.[60]

---

[58] Vgl. www.wineaustraia.com, abgerufen am 07.08.08.

[59] Vgl. www.wineaustraia.com, abgerufen am 07.08.08.

[60] Vgl. Priewe, Jens: Weinwissen, Von A wie Aroma bis Z wie Zweigelt, 2007, S. 146.

Südafrika ist eines der aufstrebenden Weinanbaugebiete der Welt. Das Land am Kap der guten Hoffnung hat sich erst Mitte der 1980er-Jahre geöffnet und seitdem entstehen immer mehr Weingüter. Die Rebfläche beträgt 104 Tsd. ha aus denen etwa 9 Mio. hl Wein erwirtschaftet werden. Die wichtigsten Rebsorten in Südafrika sind Chenin Blanc (24%), Colombard (11%) und Cabernet Sauvignon (7%).[61]

In Südamerika gilt Chile als das bedeutendste Weinanbaugebiet. Ein Teil der Rebflächen in Chile werden nicht zur Weinproduktion verwendet, sondern für Tafeltrauben und Trauben, aus denen chilenischer Weinbrand hergestellt wird. Insgesamt beträgt die Rebfläche etwa 74.500 ha mit einer Weinproduktionsmenge von vier bis fünf Mio. hl. Zu den wichtigsten chilenischen Rebsorten gehören die drei Rotweine Cabernet Sauvignon (31%), País (18%) und Merlot (12%).[62] Weißweine spielen eine eher untergeordnete Rolle.

Über die betrachteten Weinanbaugebiete hinaus gibt es weltweit viele kleinere, aber dennoch wachsende Regionen mit Weinanbau, bislang jedoch ohne größere Bedeutung. Die wichtigsten Exportzahlen der internationalen Weinanbaugebiete finden sich in der folgenden Abbildung.

---

[61] Vgl. Priewe, Jens: Weinwissen, Von A wie Aroma bis Z wie Zweigelt, 2007, S. 162.

[62] Vgl. Priewe, Jens: Weinwissen, Von A wie Aroma bis Z wie Zweigelt, 2007, S. 150.

Abbildung 5: Internationaler Weinexport

Länder	Internationaler Weinexport 2004 in Mio. hl	1990 in Mio. hl	Veränderung in %
Italien	14,2	13,5	+5
Frankreich	14,2	12,3	+15
Spanien	14,0	4,3	+226
Australien	6,5	0,4	+1.525
Chile	4,7	0,5	+840
USA	3,9	1,0	+290
Portugal	3,2	1,6	+100
Südafrika	2,7	0,0	*
Deutschland	2,7	2,8	-3,6
Moldawien	2,3	*	*
Argentinien	1,6	0,4	+300
Bulgarien	0,9	1,8	-50
Mazedonien	0,6	*	*
Ungarn	0,5	1,6	-69

* keine Angaben

Quelle: In Anlehnung an Deutsches Weininstitut GmbH (Hrsg.): Deutscher Wein Statistik 2007/2008, S. 15.

2.2.2.2. Der Weinmarkt in den USA

Die USA sind mit einer Rebfläche von 415 Tsd. ha[63] und einer Produktionsmenge von durchschnittlich 25 Mio. hl eines der größten Weinanbaugebiete der Welt. Ein Drittel der Trauben werden jedoch nicht zu Wein, sondern zu Fruchtsäften oder Rosinen verarbeitet.[64] Das bedeutendste Anbaugebiet in den USA ist der Bundesstaat Kalifornien, der etwa 90 % der gesamten Weinmenge produziert. Die angebauten Reb-

---

[63] Vgl. F.A. Brockhaus, Mannheim (Hrsg.): Der Brockhaus Wein, 2005, S. 452 (Zahl aus dem Jahr 2001).

[64] Vgl. F.A. Brockhaus, Mannheim (Hrsg.): Der Brockhaus Wein, 2005, S. 452.

sorten sind v.a. Chardonnay, French Colombard, Zinfandel und Cabernet Sauvignon.

Die US-Amerikaner tranken im Jahr 2007 etwa 13 l Wein pro Kopf. Knapp 19 Jahre zuvor (1988) waren es nicht einmal zehn l pro Person. Die Tendenz ist weiterhin steigend. Das Image des Weines kann insgesamt als positiv betrachtet werden. Der Weinkonsum in den USA lag im Jahre 2006 insgesamt bei etwa 2,3 Mrd. Litern. Eine Studie der Vinexpo prognostiziert eine Steigerung des Konsums auf 2,7 Mrd. Liter im Jahre 2010.[65] Der Absatzmarkt teilte sich 2006 in 84,6% Weine, 13,1% Sekte und 2,3% weiter verarbeitete Weine („fortified wines") auf.[66] Demnach spielen Schaumweine (z.B. Sekte) und „fortified wines" (weiter verarbeitete Weine mit einem höheren Alkoholgehalt wie bspw. Sherry) eine eher untergeordnete Rolle. Bei den Rebsorten, die in den USA im Lebensmittelhandel („food stores") im Jahr 2006 verkauft wurden (Abbildung 6), steht der Chardonnay (21%) an erster Stelle.

Abbildung 6: US-Weinverkäufe nach Rebsorten in „food stores"

Kategorie	Menge in %*	Veränderungen vs. Vorjahr in %	
		Menge	Umsatz
Chardonnay	21	6	9
Cabernet Sauvignon	10	13	16
Merlot	12	4	5
White Zinfandel	9	-3	1
Sauvignon Blanc	3	7	13
Pinot Grigio	5	28	27
Riesling	2	24	27
Shiraz	3	6	5
Red Zinfandel	2	9	16
Pinot Noir	2	22	26

* Zahlen aus 2006

Quelle: In Anlehnung an Schneider, Bruce: Exporting German Wines to the United States, zur Verfügung gestellte Präsentation des Deutschen Weininstituts GmbH, 2007, S. 6.

---

65 Vgl. Deutsches Weininstitut GmbH (Hrsg.): Deutscher Wein Exportbrief 1/08, 2008, S. 28.

66 Vgl. Datamonitor (Hrsg.): Wine in the United States, Industry Profile, November 2007, S. 11.

Der Zuwachs an Menge und Umsatz bei Chardonnay bewegte sich im Vergleich zum Vorjahr im einstelligen Prozentbereich (Menge: 6%, Umsatz: 9%). Der etwas höhere Anstieg bei den Umsätzen zeigt, dass es insgesamt einen leichten Preisanstieg bei dieser Rebsorte gab. Riesling hat im Vergleich nur einen geringen Marktanteil von 2%. Der Vergleich mit dem Vorjahr zeigt jedoch ein kräftiges Wachstum, sowohl bei der Menge (24%) als auch bei den Umsätzen (27%). Dies impliziert auch bei Riesling einen leichten Preisanstieg.[67]

Der Weinkonsum setzt sich sowohl aus einheimischen als auch aus importierten Weinen zusammen. Etwa 73% der Weine stammen aus einheimischen Gebieten, während die restlichen 27% importierte Weine sind.[68] Importiert werden Weine aus verschiedenen europäischen Ländern wie Italien, Frankreich, Spanien, Deutschland und Portugal, aber auch aus Ländern wie Australien, Neuseeland, Chile oder Argentinien.[69] Die größten Importländer in den amerikanischen Markt sind Italien (Importanteil 30,3%), Australien (Importanteil 29,1%) und Frankreich (Importanteil 13,9%). Deutschland hat einen Importanteil von 3,9%.[70] Ein Vergleich mit den Importdaten aus dem Jahr 2000 lässt interessante Entwicklungen und Tendenzen erkennbar werden. Die Australier hatten in den USA einen Importanteil von 14%, ihr Anteil hat sich demnach in den vergangenen 7 Jahren mehr als verdoppelt. Die Franzosen haben dagegen drastisch verloren - sie hatten im Jahr 2000 noch einen Importanteil von 22,9%. Darin zeigt sich die bereits diskutierte negative Entwicklung der französischen Weine. Italien konnte seinen

---

[67] Vgl. Schneider, Bruce: Exporting German Wines to the United States, zur Verfügung gestellte Präsentation des Deutschen Weininstituts GmbH, 2007, S. 6.

[68] Vgl. Vgl. Datamonitor (Hrsg.): Wine in the United States, Industry Profile, November 2007, S. 26.

[69] Vgl. U.S. Market Report Workshop 2007, zur Verfügung gestellte Präsentation des Deutschen Weininstituts GmbH, 2007, S. 14.

[70] Vgl. Deutsches Weininstitut GmbH (Hrsg.): Deutscher Wein Exportbrief 1/08, 2008, S. 28.

Importanteil auf dem amerikanischen Markt ebenfalls nicht halten (2000: 36,5%). Deutschland war mit 3,2% (2000) schon auf einem sehr niedrigen Niveau, konnte seinen Anteil bis ins Jahr 2007 aber um etwa 22% erhöhen.[71] Damit gehört Deutschland zu einem der wenigen Länder der *Alten Welt*, die ihren Marktanteil in den USA steigern konnten (ebenso Spanien: 2000: 2,7%; 2005: 4,1%).[72] Die fünf Bundesstaaten in den USA, in denen deutscher Wein hauptsächlich gekauft und getrunken wird, sind Florida, New York, Texas, New Jersey und Illinois.[73]

Bei Betrachtung der Verkaufszahlen der in den USA über den Lebensmitteleinzelhandel vertriebenen Weine zeigt sich folgendes Bild.

Abbildung 7: Über den Lebensmitteleinzelhandel vertriebene Weine in den USA

	Mengenanteil in %	Mengenmäßige-veränderung	Umsatz Veränderung
bis 3 USD	25	-4%	0%
3-7 USD	46	5%	6%
7-10 USD	16	12%	13%
10-14 USD	6	21%	23%
14 USD und mehr	3	15%	21%

Quelle: In Anlehnung an Schneider, Bruce: Exporting German Wines to the United States, zur Verfügung gestellte Präsentation des Deutschen Weininstituts GmbH, 2007, S. 4.

Der Großteil der gekauften Weine liegt in der Preiskategorie zwischen drei und sieben USD (2006: 46%), dem Premium-Segment.[74] In diesem

[71] Vgl. U.S. Market Report Workshop 2007, zur Verfügung gestellte Präsentation des Deutschen Weininstituts GmbH, 2007, S. 21.

[72] Vgl. U.S. Market Report Workshop 2007, zur Verfügung gestellte Präsentation des Deutschen Weininstituts GmbH, 2007, S. 21.

[73] Vgl. Schneider, Bruce: Exporting German Wines to the United States, zur Verfügung gestellte Präsentation des Deutschen Weininstituts GmbH, 2007, S. 11.

[74] Vgl. Schneider, Bruce: Exporting German Wines to the United States, zur Verfügung gestellte Präsentation des Deutschen Weininstituts GmbH, 2007, S. 4.

Segment entwickeln sich Menge und Umsatz in einem ähnlichen Verhältnis, d.h. die Preise dieser Weine sind im Vorjahresvergleich kaum gestiegen. Das größte Wachstum findet sich bei Weinen im Superpremium-Segment, der Preiskategorie von zehn bis 14 USD. Die gekaufte Menge stieg um 21%, der Umsatz um etwa 23%. Ein recht großes Wachstum zeigt sich bei den Weinen über 14 USD (Ultrapremium-Segment und Kult-Segment). Hier stiegen die Weinabsätze mengenmäßig um 15% und umsatzmäßig um 21%. Dies bedeutet wiederum, dass die Preise in diesem Segment deutlich gestiegen sind.

2.2.2.3. Die amerikanischen Weintrinker

Grundsätzlich können die Weintrinker in den USA nach verschiedenen Kriterien segmentiert werden. Es gibt unterschiedliche Motive und Präferenzen beim Weinkauf. Je detaillierter die Zielgruppen und ihr Verhalten bekannt sind, desto besser können die Marktbearbeitungsstrategien darauf abgestimmt werden.

Die Amerikaner können mit Hilfe des soziodemographischen Kriteriums „Alter" segmentiert werden. Folgende Gruppen entstehen:[75]

Diese Daten können mit den Daten einer Studie des Wine Market Council (2007) kombiniert werden. In dieser Studie werden die Weintrinker in den USA nach ihrem Weinkonsum segmentiert. Die Gruppe der „core"-Weintrinker trinkt einmal in der Woche oder öfter Wein. Die Gruppe der „marginal"-Weintrinker trinkt zwischen zwei- und dreimal im Monat bis alle zwei bis drei Monate einmal. Mit der Verknüpfung der Altersgruppen mit den beiden Weintrinkergruppen kommt das Wine Market Council zu folgendem Ergebnis: Die meisten „core"-Weintrinker befinden sich in der Gruppe der „Boomer" (35%; „marginal"-Weintrinker: 43%), gefolgt von der Gruppe „Generation X" („co-

---

[75] Vgl. Deutsches Weininstitut GmbH (Hrsg.): Deutscher Wein Exportbrief 1/08, 2008, S. 28.

re"-Weintrinker: 26%; „marginal"-Weintrinker: 22%).[76] Die steigende Nachfrage von deutschen Weinen in den USA ist v.a. auf die Gruppen der „Millennials", „Generation X" und „Boomer" zurückzuführen, wobei die größten Impulse von den „Millennials" ausgehen. Grundsätzlich ist festzustellen, dass sich demographische Kriterien wie Einkommen, Bildung und ethnische Zugehörigkeit bei der Gruppeneinteilung nach ihrem Weinkonsum kaum auswirken. Demographische Kriterien reichen demnach nicht aus, um die Unterschiede zwischen „core"- und „marginal"-Weintrinkern erklären zu können.[77]

Eine andere Herangehensweise zur Unterteilung der Weintrinker in verschiedene Segmente hat das Unternehmen Constellation Wines U.S. in einer Studie aufgezeigt. In der Studie werden Weintrinker, die mehrheitlich Weine für fünf USD oder mehr pro Flasche erwerben, in sechs Segmente eingeteilt. Diese Segmente wurden nach verschiedenen soziodemographischen und psychographischen Kriterien sowie dem Kaufverhalten bei Weinen unterschieden. Diese Weintrinker-Zielgruppen sind auch für den Kauf von deutschen Weinen interessant, da die in den USA verkauften deutschen Weine zum größten Teil mehr als fünf USD kosten. Die beschriebenen Segmente heißen: „Enthusiast", „Image Seeker", „Savvy Shopper", „Traditionalist", „Satisfied Sipper" und „Overwhelmed". Es ist durchaus möglich, jedes einzelne der genannten Segmente anzusprechen. Es ist jedoch zu berücksichtigen, dass jedes der sechs beschriebenen Segmente sich in einigen wichtigen Kriterien von den anderen Gruppen unterscheidet. Dies kann beispielhaft an den „Enthusiasten" und den „Image Seekers" gezeigt werden. Die beiden Segmente sind für knapp die Hälfte aller Verkäufe von Weinen über fünf USD verantwortlich. Unter den „Enthusiasten" finden sich et-

---

76 Vgl. Schneider, Bruce: Exporting German Wines to the United States, zur Verfügung gestellte Präsentation des Deutschen Weininstituts GmbH, 2007, p. 5.

77 Vgl. Moulton, Kirby/ Lapsley James: Successful wine marketing, Aspen Publishers, 2001, p. 15f.

wa 60% Frauen mit einem durchschnittlichen Alter von 46 Jahren. Unter den Mitgliedern der Zielgruppe verfügen 74% über einen College-Abschluss und trinken im Durchschnitt etwa 5,1 Gläser Wein pro Woche. Um sich über die Qualität von Weinen ein Bild zu verschaffen, informieren sich die „Enthusiasten“ entweder in der Special-Interest-Zeitschrift „Wine Spectator“ oder schauen sich die Etiketten am Point of Sale (PoS) genau an. Sie lassen sich gerne von Preisen, Ranglisten und Bezeichnungen beeinflussen. Sie genießen das „Probieren und Trinken“ von Wein im Freundes- und Bekanntenkreis. Sie kaufen neben den ihnen bekannten Weinen auch unbekannte Weine, vornehmlich in 1,5l-Flaschen.

Die Gruppe der „Image Seeker“ besteht zu 64% aus Männern mit einem durchschnittlichen Alter von 35 Jahren. 62% der Zielgruppe haben einen College-Abschluss und trinken im Durchschnitt etwa 3,3 Gläser Wein pro Woche. Die Zielgruppe liest wenig zum Thema Wein in Fachzeitschriften, hat aber ein gewisses Grundwissen und kauft überwiegend Weine, die teuer sind. Wein ist für sie ein Statussymbol, 60% der gekauften Weine haben „Image Seeker“ in „grocery stores“ gekauft. Sie machen gerne Weinproben und sind offen für Weinreisen.

Die gerade beschriebenen potenziellen Zielgruppen unterscheiden sich durch viele soziodemographische Kriterien, jedoch nicht nach dem Kriterium der ethnischen Gruppen. Dieses Thema spielt besonders in einem Land mit vielen verschiedenen Ethnien wie in den USA eine große Rolle. Eine Studie amerikanischer Professoren hat gezeigt, dass die Abstammung durchaus Einfluss auf den Weinkonsum hat. Weiße, Farbige und Lateinamerikaner weisen ein differenziertes Verhalten bezüglich ihres Weinkonsums auf. Beispielsweise tranken die in den USA lebenden Lateinamerikaner im Jahr 1998 etwa 12% heimische Weine, während es 2003 schon 22% waren.[78] Nach dieser Erkenntnis müssen die Weinvermarkter darüber nachdenken, ob auch ethnische Marketingstrategien für die Vermarktung ihrer Weine von Relevanz sein könnten.

Für die deutschen Weine finden sich Ansatzpunkte für gezielte Marketingmaßnahmen, auf die im Rahmen der Kommunikationspolitik im Praxisteil kurz eingegangen wird.

78 Vgl. Hussain, Mahmood/ Castaldi, Richard/ Cholette, Susan: Determinants of wine Consumption of U.S. Consumers, an Econometric Analysis, 3nd International Wine Business Research Conference, 2006, p. 11.

3. Theoretische Grundlagen zur Marketingstrategie in internationale Märkte

3.1. *Gründe für den Außenhandel mit Wein*

Die Frage nach Gründen für den Außenhandel mit den Vorteilen der internationalen Arbeitsteilung zu beantworten wäre zu kurz gegriffen. Es kann je nach Produkt ganz unterschiedliche Gründe für den Außenhandel geben. Im Folgenden soll mit Hilfe theoretischer Ansätze des Außenhandels geklärt werden, warum Wein ein Produkt ist, das international gehandelt werden kann.

In vielen Ländern dieser Welt ist eine Nachfrage nach Wein aus dem Ausland vorhanden, weil diese selbst keine Möglichkeit haben, selbst Weinreben anzubauen und somit keinen Wein herstellen können. Oftmals sind es ungeeignete klimatische Bedingungen, die eine eigene Weinproduktion verhindern. Weinreben wachsen wie bereits ausgeführt am besten im Weltrebengürtel. Ein weiterer Grund für die Nachfrage im Ausland kann darin bestehen, dass manchen Ländern das nötige Know-how für die Herstellung von Wein fehlt. In Ländern der *Alten Welt* begann die Weinherstellung schon weit vor unserer Zeitrechnung. Die Technik und das Wissen bezüglich der Weinproduktion haben sich in den vergangenen Jahrzehnten enorm verbessert. In der klassischen Außenhandelstheorie hat sich Kravis (1956) mit seinem (Nicht-) Verfügbarkeitsansatz mit diesem Aspekt beschäftigt. Er erklärt die Existenz von Außenhandel damit, dass Länder Produkte importieren, über die sie selbst nicht verfügen. Da das Fehlen der notwendigen klimatischen Bedingungen für den Rebenanbau eine dauerhafte Nichtverfügbarkeit darstellt, ist die Erklärung für die Existenz von Außenhandel mit dem Ansatz von Kravis komplett abgedeckt. Bei einer temporären Nichtverfügbarkeit, wie z.B. bei fehlendem Know-how zur Weinherstellung, kann der Ansatz von Kravis durch weitere Ansätze wie der Theorie der technologischen Lücke von Posner ergänzt werden.[79]

Die Theorie, dass Wein importiert wird, weil im eigenen Land kein Wein angebaut werden kann, erklärt allerdings nicht, warum Deutschland seine Weine in die USA exportiert, obwohl die USA eigene Weine in ausreichender Menge herstellt. Diese Tatsache kann mit Hilfe von preislichen Vorteilen der Importware gegenüber den heimischen Produkten argumentiert werden. Klassische Außenhandelstheorien wie die von Adam Smith (1775/ 1776) erklären den Außenhandel damit, dass sich Länder auf die Produktion von Gütern spezialisieren, bei denen sie absolute Kostenvorteile haben. Dieses Gut wird anschließend exportiert, während ein anderes Gut, das im Inland einen absoluten Kostennachteil hat, importiert wird. Erweitert werden kann diese Theorie durch Ricardo (1817), der den absoluten Kostenvor- bzw. -nachteil durch einen relativen ersetzt. Heckscher und Ohlin bringen neben den Kosten weitere Faktoren ins Spiel. Nach ihrer Theorie werden v.a. die Güter importiert, welche auf Produktionsfaktoren beruhen, die komparativ im Heimatland in geringerem Ausmaß vorhanden sind.[80]

Doch diese Begründungen scheinen im Falle der Weinexporte in die USA nicht treffend zu sein. Die Weinexporte in die Vereinigten Staaten sind aufgrund von hohen Transportkosten, Steuern und Abgaben so teuer, dass die importierten Weine, um kostendeckend vermarktet werden zu können, sogar meist teurer angeboten werden als einheimische Weine. Gründe für den Export können eher in Qualitätsvorteilen, besonderen Markenpräferenzen oder besonderen Eigenschaften des aus-

---

[79] Vgl. Kutschker, Michael/ Schmid, Stefan: Internationales Management, 5. bearbeitete Auflage, 2006, S. 387.

[80] Vgl. Schmid, Stefan: Importe als Basisform des Außenhandels, Erschließung ausländischer Beschaffungsmärkte und Produktionsstandorte, in: Zentes, Joachim; Morschett, Dirk; Schramm-Klein, Hanna (Hrsg.): Außenhandel, Marketingstrategien und Managementkonzepte, 2004, S. 69.

ländischen Weines liegen. Die deutschen Weine zeichnen sich durch hohe Qualitätsstandards aus. Australische Weine wiederum haben eine hohe Markenakzeptanz auf dem amerikanischen Markt. Dies kann ein Grund für den Import trotz oftmals höherer Verkaufspreise für den Wein sein. In der Theorie wird vom intraindustriellen Handel gesprochen, d.h. Produkte der gleichen Branche werden sowohl exportiert als auch importiert.[81]

Ein weiterer Grund für den Export deutscher Weine ins Ausland könnte die Tatsache sein, dass Menschen in einigen Auslandsmärkten ähnliche Bedürfnis- und Nachfragestrukturen aufweisen wie die Menschen im Inland. Wein wird vermehrt in Ländern der *Neuen Welt* mit einem hohen Wirtschaftswachstum getrunken, während in den Ländern der *Alten Welt* das Weintrinken zum Alltag gehört. Existiert im Ausland eine ähnliche Nachfrage nach Wein wie im Inland, kann davon ausgegangen werden, dass dort ein entsprechendes Inlandsangebot an Wein besteht.

In der Theorie beschäftigt sich Linder (1961) in seiner Hypothese mit Nachfragestrukturen. Er behauptet, dass es v.a. zwischen Ländern, die eine ähnliche Nachfragstruktur aufweisen, zum Außenhandel kommt. Allerdings handelt es sich hierbei um ein Paradoxon, denn in Ländern mit ähnlichen Nachfragestrukturen ist ein ähnliches Inlandsangebot vorhanden. Lindner argumentiert, dass die beiden Länder in diesem Fall ihre Nachfrage poolen und internationale Arbeitsteilung betreiben. Die einzelnen Länder spezialisieren ihr Angebot, in dem sie ihre Produkte für den Auslandsmarkt differenzieren.[82] Sie bieten bspw. eine andere Produktklasse oder -variante an, was letztlich zu Export und Import führt. Einige deutsche Weingüter bieten speziell für den amerika-

---

[81] Vgl. Rose, Klaus/ Sauernheimer, Karlhans: Theorie der Außenwirtschaft, 14., überarbeitete Auflage, 2006, S. 378.

[82] Vgl. Kutschker, Michael/ Schmid, Stefan: Internationales Management, 5. bearbeitete Auflage, 2006, S. 395.

nischen Markt produzierte Weine an, die sich in Design, Flaschengröße und Geschmack vom deutschen Angebot unterscheiden.

3.2. *Internationale strategische Marketingplanung*

3.2.1. Internationale Marketingplanung in der Theorie

Internationale Marketingentscheidungen haben eine höhere Komplexität als nationale Entscheidungen. Die fremden Umweltstrukturen konfrontieren die Unternehmen, die ihre Geschäfte auf internationalem Boden ausweiten wollen, mit höherer Ungewissheit, zusätzlichen Risiken sowie einem höheren Informations- und Koordinationsbedarf.[83] Aufgrund dessen ist ein systematisches und planvolles Vorgehen von noch größerer Bedeutung als bei einem nationalen Vorhaben.

In diesem Zusammenhang soll zunächst der Begriff der Strategie erläutert werden, für den es in der Literatur zahlreiche Grundauffassungen gibt. In vielen Definitionen spielen ähnliche inhaltliche Auffassungen eine Rolle. Als Strategie werden langfristige (ca. vier bis acht Jahre) Handlungen gesehen, die zur Erreichung von Zielen einer Unternehmung beitragen sollen.[84] Die Festlegung eines langfristigen Handlungsrahmens für operative Marketingaktivitäten auf Auslandsmärkten ist die Grundlage der internationalen strategischen Marketingplanung (Abbildung 8).

---

[83] Vgl. Meffert, Heribert/ Bolz, Joachim: Internationales Marketing- Management, 3. überarbeitete und ergänzte Auflage, 1997, S. 23.

[84] Vgl. Meffert, Heribert: Marketing, 9. überarbeitete und erweiterte Auflage, 2000, S. 15; vgl. Kutschker, Michael/ Schmid, Stefan: Internationales Management, 5. bearbeitete Auflage, 2006, S. 797f.

Abbildung 8: Internationale strategische Marketingplanung

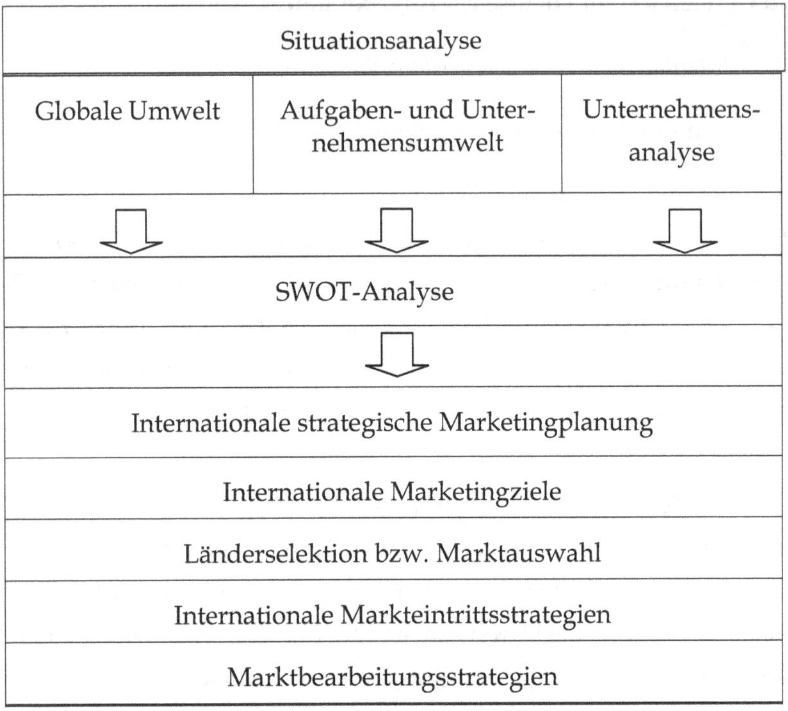

Quelle: In Anlehnung an Berndt, Ralph/ Altobelli, Claudia Fantapié/ Sander, Matthias: Internationales Marketing-Management, 3., überarbeitete u. erweiterte Auflage, 2005, S. 92.

Ausgangspunkt der internationalen Marketingplanung ist eine Analyse der Gesamtsituation. Dazu gehört neben der Betrachtung des eigenen Unternehmens auch die Untersuchung der Umwelt des Unternehmens, die wiederum in eine globale Umwelt und eine Unternehmensumwelt unterteilt wird. Die Analyse sollte im Folgenden zunächst auf globaler Ebene und anschließend auf Länderebene erfolgen. Ziel der Analyse ist die Identifikation von zukünftigen Chancen und Risiken auf ausländischen Märkten. Diese können dann mit den unternehmensinternen Stärken und Schwächen aus der Unternehmensanalyse kombiniert werden. Nach der Situationsanalyse erfolgt die internationale strategische Marketingplanung. Zunächst wird hierfür eine Marktauswahlstrategie erarbeitet, um zu wissen, welche Länder letztendlich für die weitere Bearbeitung sinnvoll sind. Als nächstes folgt die Planung des Markteintritts, bei der zuerst die Grundsatzentscheidung getroffen werden muss: Inlands- oder Auslandsproduktion. Die Marktbearbeitungsstrategien haben die Aufgabe, die Gestaltung der Marketinginstrumente für die Bearbeitung der internationalen Märkte festzulegen. Zu den Marketinginstrumenten gehören Produkt-, Preis-, Kommunikations- sowie Distributionspolitik. Mit diesem Schritt endet die strategische Marketingplanung. Es folgt die operative Maßnahmenplanung sowie die Implementierung und Kontrolle der internationalen Strategie, auf die im Rahmen dieser Arbeit nicht weiter eingegangen wird.[85]

3.2.2. Situationsanalyse

3.2.2.1. Umweltanalyse

„Die Umwelt ist komplexer und dynamischer geworden",[86] diese oder ähnliche Aussagen in der wirtschaftswissenschaftlichen Literatur machen deutlich, dass die Umweltanalyse im Rahmen einer Strategieentwicklung eine immer bedeutendere Rolle spielt. Die Rahmenbedingungen können von Land zu Land unterschiedlich sein, was die Komplexität im internationalen Management erhöht. Zur Untersuchung der Umwelt gehören viele Faktoren, wie Markt-, Wettbewerbs- und Kundenstruktur, die in Abhängigkeit voneinander betrachtet werden sollten. Es existieren in der Wirtschaftswissenschaft einige Konzepte zur

---

[85] Vgl. Berndt, Ralph/ Altobelli, Claudia Fantapié/ Sander, Matthias: Internationales Marketing-Management, 3., überarbeitete u. erweiterte Auflage, 2005, S. 92.

[86] Bea, Franz Xaver/ Haas, Jürgen: Strategisches Management, 4., neu bearbeitete Auflage, 2005, S. 86.

Umweltanalyse, die versuchen diese Abhängigkeiten zu berücksichtigen (Abbildung 9).[87]

Abbildung 9: Konzepte zur Umweltanalyse

	Umfeld					
Konzepte	**Volkswirtschaft,**	**Branche**	**Markt**	**Wettbewerb**	**Kunden**	**Technologie**
Five Forces		X				
Kennzahlenvergleich	X	X	X	X	X	X
Lebenszykluskonzept			X			X
Portfolioanalysen			X	X	X	X
Reverse Engineering, Competitive Shopping				X		

Quelle: In Anlehnung an Kohlöffel, Klaus M.: Strategisches Management, alle Chancen nutzen – Neue Geschäfte erschließen, 2000, S. 152.

Das gesamte Umfeld eines Unternehmens kann in eine globale Umwelt, auch Makroumwelt genannt, und eine unternehmensspezifische Umwelt (Mikroumwelt), unterteilt werden. Die globale Umwelt beschreibt die allgemeine Situation einer Volkswirtschaft unabhängig von der Branche. Aus den betrachteten Faktoren werden Chancen und Risiken für das Unternehmen ermittelt. Unterteilt werden kann die globale Umwelt in:[88]

- Ökonomische Faktoren (z.B. Inflation, Arbeitslosigkeit, Einkommensentwicklung),
- politisch-rechtliche Faktoren (z.B. Ladenschlussgesetz, Umweltrichtlinien),

---

[87] Vgl. Kohlöffel, Klaus M.: Strategisches Management, Alle Chancen nutzen – Neue Geschäfte erschließen, 2000, S. 152.

[88] Vgl. Berndt, Ralph/ Altobelli, Claudia Fantapié/ Sander, Matthias: Internationales Marketing-Management, 3. überarbeitete u. erweiterte Auflage, 2005, S. 14; vgl. Meffert, Heribert/ Bolz, Joachim: Internationales Marketing Management, 3. überarbeitete und ergänzte Auflage, 1997, S. 41.

- (sozio-)kulturelle Faktoren (z.B. Ausprägung von Werten und Einstellungen inkl. Daraus resultierendes Verhalten wie Arbeit, Freizeit, materielle Werte) und
- geografische Faktoren (z.B. Typografische Gegebenheiten, Klima, natürliche Ressourcen).

Die Mikroumwelt, auch Aufgabenumwelt genannt, umfasst die Faktoren, die unmittelbar mit dem Unternehmen zusammenhängen und mehr oder weniger direkt Einfluss nehmen. Dazu gehören:[89]

- Branchenstruktur,
- Wettbewerber,
- Lieferanten und
- Abnehmer (Endverbraucher und Handel).

Eine der wohl bekanntesten Analysen für die Mikroumwelt ist die sog. Branchenstrukturanalyse nach einem Modell von Porter (1980). Darin unterscheidet Porter fünf Wettbewerbskräfte einer Branche („five forces Model"), die Einfluss auf Rentabilität und Attraktivität einer Branche haben. In Abbildung 9 ist das Konzept von Porter dargestellt. Die fünf Wettbewerbskräfte sind:[90]

1. Bedrohung durch potenz. Wettbewerber bzw. neue Anbieter,
2. Bedrohung durch Ersatzprodukte,
3. Verhandlungsstärke der Lieferanten,
4. Verhandlungsstärke der Abnehmer und
5. Rivalität der Wettbewerber einer Branche.

---

[89] Vgl. Berndt, Ralph/ Altobelli, Claudia Fantapié/ Sander, Matthias: Internationales Marketing-Management, 3., überarbeitete u. erweiterte Auflage, 2005, S. 33ff.

[90] Vgl. Bea, Franz Xaver/ Haas, Jürgen: Strategisches Management, 4., neu bearbeitete Auflage, 2005, S. 99ff.

Abbildung 10: Branchenstrukturanalyse nach Porter

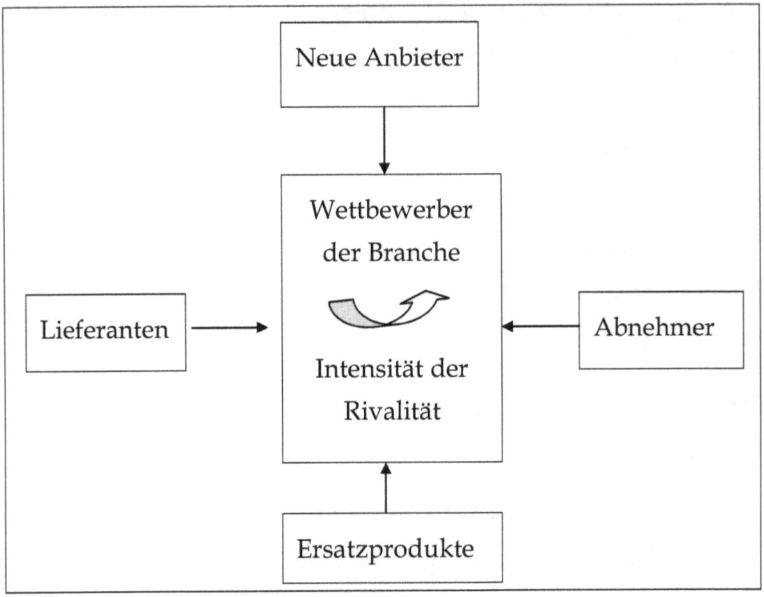

Quelle: In Anlehnung an Bea, Franz Xaver/ Haas, Jürgen: Strategisches Management, 4., neu bearbeitete Auflage, 2005, S. 100.

Bedrohung durch potenzielle Wettbewerber

Das Eintreten von neuen Konkurrenten bzw. Anbietern kann negative Auswirkungen auf die vorhandenen Wettbewerber einer Branche haben. Dies kann zu Preissenkungen führen entweder durch die Erhöhung des Angebots oder um die Eintrittsbarrieren zu erhöhen. Dies wirkt sich wiederum negativ auf die Rentabilität in der Branche aus. Die Gefahr, die von neuen Wettbewerbern ausgeht, hängt von den vorhandenen Markteintrittsbarrieren sowie den erwarteten Reaktionen der sich bereits im Markt befindlichen etablierten Wettbewerber ab. Je höher die Eintrittsbarrieren, desto unattraktiver ist die Branche für neue Anbieter. Markteintrittsbarrieren sind zum Beispiel:

- Bestehende Marken- und Käuferloyalität,
- benötigter Kapitalbedarf,

- schwieriger Zugang zu bestehenden Distributionskanälen,
- economies of scale und
- staatliche Regulierungen.[91]

Bedrohung durch Ersatzprodukte

Die Bedrohung durch Ersatz- bzw. Substitutionsprodukte bedeutet, dass Produkte durch andere Produkte mit gleichem Zweck ersetzt werden können.[92] Falls gleichzeitig ein günstigeres Preis-Leistungs-Verhältnis geboten wird und die Umstellungskosten auf die Ersatzprodukte niedrig sind, erhöht sich diese Gefahr. Es muss sowohl analysiert werden, wie groß die Neigung der Abnehmer ist, Substitutionsprodukte zu konsumieren, gleichzeitig muss festgestellt werden, wie hoch die Kosten einer Umstellung auf die Substitutionsprodukte sind. Als Beispiel kann angeführt werden, dass in der Luftfahrtindustrie Kurzstreckenflüge durch Bahnreisen ersetzt werden können.[93]

Verhandlungsstärke der Lieferanten

Die Stärke der Lieferanten beschreibt deren Machtpotenzial. Je stärker die Verhandlungsmacht der Lieferanten ausgeprägt ist, desto stärker verringert sie die Rentabilität der sich in der Branche befindlichen Unternehmen. Bei einem hohen Konzentrationsgrad der Lieferanten haben diese starken Einfluss auf Preise, Qualität, Lieferbedingungen etc. ihrer Abnehmer. Sind die Substitutionsmöglichkeiten gering oder können die Lieferanten ihre Produkte auch an andere Branchen verkaufen, stärkt dies ihre Position. Sind die Produkte der Lieferanten von besonderer

---

[91] Vgl. Bea, Franz Xaver/ Haas, Jürgen: Strategisches Management, 4., neu bearbeitete Auflage, 2005, S. 100f.

[92] Vgl. Wöhe, Günter: Einführung in die Allgemeine Betriebswirtschaftslehre, 20., neu bearbeitete Auflage, 2000, S. 515.

[93] Vgl. Eschenbach, Rolf/ Kunesch, Hermann: Strategische Konzepte - Management-Ansätze von Ansoff und Ulrich, 3. völlig überarbeitete und wesentlich erweiterte Auflage, 2002, S. 233.

Wichtigkeit für das Gesamtprodukt oder ist eine hohe Abhängigkeit der Abnehmer vom Teilprodukt vorhanden, besteht eine hohe Lieferantenmacht.

Verhandlungsstärke der Abnehmer

Die Verhandlungsstärke der Abnehmer bzw. Kunden zeigt analog zu den Lieferanten deren Machtposition in der nachgelagerten Wertschöpfungskette auf. Befinden sich die Kunden in einer starken Position sind sie in der Lage, die Preise in ihrem Interesse zu beeinflussen und die Wettbewerber gegeneinander auszuspielen. Damit beschränken sich die Gewinnmöglichkeiten und letztendlich die Rentabilität der im Markt befindlichen Unternehmen. Der Konzentrationsgrad auf Seiten der Abnehmer bestimmt deren Marktmacht. Befinden sich nur wenige aktive Großkunden im Markt, wirkt sich dies positiv auf deren Verhandlungsposition aus. Stehen den Unternehmen wiederum viele kleinere Abnehmer bzw. Kunden gegenüber, ist deren Verhandlungsposition schwächer. Sind die Produkte aufgrund einer hohen Standardisierung beliebig austauschbar, haben die Abnehmer die Möglichkeit, die Produkte durch andere zu ersetzen. Die Verhandlungsmacht der Abnehmer steigt.[94]

Rivalität der Wettbewerber einer Branche

Die fünfte Kraft, die Porter beschreibt und die die Attraktivität einer Branche bestimmt, ist die Rivalität der bestehenden Wettbewerber untereinander. Diese sieht Porter als die zentrale Triebkraft einer Branche, die sich aus den Ausprägungen der bereits beschriebenen Wettbewerbskräfte ergibt. Das Ausmaß der Rivalität hängt von weiteren Faktoren ab (z.B. Anzahl der Wettbewerber, Geschwindigkeit des Bran-

---

[94] Vgl. Olfert, Klaus/ Pischulti, Helmut: Kompakt-Training Unternehmensführung, 2., überarbeitete Auflage, 2002, S. 79.

chenwachstums, Differenzierungsgrad der Produkte und Umstellungskosten bei einem Wechsel zu einem anderen Wettbewerber).[95]

Das Ergebnis der Mikro- und Makroumweltanalyse ist die Identifizierung von Chancen und Risiken, die sich bei der Bearbeitung eines Ländermarktes ergeben können. Wie letztendlich auf diese reagiert werden kann, hängt von dem jeweiligen Unternehmen und dessen Potenzialen ab. Mit der Unternehmensanalyse werden die Potenziale jedes Unternehmens ermittelt und untersucht.

Die betrachteten Umweltfaktoren können für jedes beliebige Land erhoben und analysiert werden. Es gibt eine Reihe verschiedener Verfahren, die zur Länderselektion angewendet werden können, denen diverse Umweltfaktoren zugrunde liegen. Beispiele für diese Verfahren können Checklisten-, Punktbewertungs-, Investitionsrechnungs- und Portfolioverfahren sein.[96]

3.2.2.2. Unternehmensanalyse

Mit der Unternehmensanalyse werden die Potenziale, d.h. die Voraussetzungen und Ressourcen eines Unternehmens für die Erschließung der Ländermärkte, die sich in der Umweltanalyse heraus kristallisiert haben, ermittelt. Das Ergebnis der Unternehmensanalyse ist das Stärken-Schwächen-Profil des Unternehmens.

In der wirtschaftswissenschaftlichen Literatur gibt es unterschiedliche Herangehensweisen an die Unternehmensanalyse. Meffert, Burmann und Kirchgeorg schlagen die Durchführung einer internen Ressourcen-

---

95 Vgl. Eschenbach, Rolf/ Kunesch, Hermann: Strategische Konzepte - Management-Ansätze von Ansoff und Ulrich, 3. völlig überarbeitete und wesentlich erweiterte Auflage, 2002, S. 233.

96 Vgl. Kutschker, Michael/ Schmid, Stefan: Internationales Management, 5. bearbeitete Auflage, 2006, S. 936.

analyse in drei Schritten vor.[97] Bea und Haas empfehlen ebenfalls ein Vorgehen in drei Schritten, das mit der Ermittlung der strategischen Erfolgsfaktoren beginnt. Dafür stehen zwei Ansätze zur Verfügung: Die Wertkettenanalyse von Porter und der Ansatz des Strategischen Management.[98] Der Ansatz von Meffert, Burmann und Kirchgeorg wird im Folgenden angewendet.

Die interne Ressourcenanalyse wird in einem dreistufigen Verfahren durchgeführt. Im ersten Schritt wird ein Ressourcenprofil (Abbildung 11) erstellt, wofür finanzielle, physische, organisatorische und technologische Ressourcen gesammelt und bewertet werden müssen.

Abbildung 11: Beispiel für ein Ressourcenprofil

	Beurteilung		
Kritische Ressourcen	**schlecht**	**mittel**	**gut**
Absatzmärkte (Marktanteil)	x		
Marketingkonzept		x	
Finanzsituation	x		
Forschung & Entwicklung			x
Produktion		x	
Standort			x
Kostensituation	x		

Quelle: In Anlehnung an Meffert, Heribert/ Burmann, Christoph/ Kirchgeorg, Manfred: Marketing, Grundlagen marktorientierter Unternehmensführung, Konzepte - Instrumente - Praxisbeispiele, 2008, S. 235.

---

[97] Vgl. Meffert, Heribert/ Burmann, Christoph/ Kirchgeorg, Manfred: Marketing, Grundlagen marktorientierter Unternehmensführung, Konzepte - Instrumente - Praxisbeispiele, 2008, S. 234f.

[98] Vgl. Bea, Franz Xaver/ Haas, Jürgen: Strategisches Management, 4., neu bearbeitete Auflage, 2005, S. 111.

Das sich ergebende Ressourcenprofil wird den marktspezifischen Anforderungen gegenübergestellt. Mit der Gegenüberstellung erfolgt der zweite Schritt, in welchem die Stärken und Schwächen des Unternehmens identifiziert werden. Im dritten Schritt der Analyse werden mit Hilfe dieser die spezifischen Kompetenzen identifiziert, die zur Schaffung von Wettbewerbsvorteilen erhalten oder ausgebaut werden müssen.[99]

3.2.2.3. SWOT-Analyse

Die SWOT-Analyse wurde von der Harvard Business School entwickelt und stellt eine Kombination der Umwelt- mit der Unternehmensanalyse dar. Die Buchstaben des Wortes SWOT stehen für Strengths (Stärken), Weaknesses (Schwächen), Opportunities (Chancen) und Threats (Risiken). Bereits in den 1960er Jahren taucht sie in der Planungs- und Strategieliteratur auf. Der Analyse liegt die Vorstellung zugrunde, dass die Chancen und Risiken der Unternehmensumwelt in Beziehung zu den Fähigkeiten, d.h. den Stärken und Schwächen des Unternehmens gesetzt werden müssen. Um letztendlich diese Beziehung herstellen zu können, wird eine Vier-Felder-Matrix erstellt.

---

[99] Vgl. Meffert, Heribert/ Burmann, Christoph/ Kirchgeorg, Manfred: Marketing, Grundlagen marktorientierter Unternehmensführung, Konzepte - Instrumente - Praxisbeispiele, 2008, S. 234f.

Abbildung 12: SWOT- Matrix

		Unternehmensorientierung	
		Stärken (S= Strengths)	**Schwächen (W = Weaknesses)**
Umweltorientierung	**Chancen (O= Opportunities)**	S-O-Strategien "ausbauen"	W-O-Strategien "aufholen"
	Risiken (T = Threats)	S-T-Strategien "absichern"	W-T-Strategien "vermeiden"

Quelle: In Anlehnung an Dillerup, Ralf/ Stoi, Roman: Unternehmensführung, 2006, S. 236.

Darauf aufbauend können vier Grundstrategien formuliert werden. Bei der Verbindung von Unternehmens- und Umweltanalyse darf es sich nicht um eine gegenwärtige Betrachtung handeln, sondern es muss eine zukunftsorientierte Perspektive angestrebt werden. Mit Hilfe der SWOT-Analyse sollen Strategien entworfen werden, die die unternehmensindividuellen Ressourcen auch unter dem Aspekt der Unternehmensumwelt betrachten.

Jedes Feld der Vier-Felder-Matrix beinhaltet eine der vier möglichen Kombinationen (Strengths-Opportunities, Strenghts-Threats, Weaknesses-Opportunities, Weaknesses-Threats). Für alle vier Felder können strategische Stoßrichtungen abgeleitet werden, die anschließend in einer Gesamtstrategie gebündelt werden.

Strengths-Opportunities-Strategien sind Strategien, die den Idealfall darstellen. Die identifizierten Stärken des Unternehmens werden genutzt, um Chancen auszuschöpfen. Das Unternehmen sollte versuchen, mit Hilfe dieser Strategien seine Wettbewerbsposition zu stärken bzw. auszubauen.

Weaknesses-Opportunities-Strategien beschreiben strategische Zielsetzungen, in denen interne Schwächen des Unternehmens eliminiert bzw. reduziert werden, um externe Chancen zu nutzen. Die Überwindung der eigenen Schwächen wird durch die Nutzung von Chancen erleichtert.

Bei Strengths-Threats-Strategien werden die unternehmenseigenen Stärken eingesetzt, um externe Risiken abzuwehren oder deren negative Auswirkungen zu reduzieren.

Weaknesses-Threats-Strategien stellen eine negative Konstellation aus eigenen Schwächen und externen Risiken dar. Eigene Schwächen sollten abgebaut werden, um bedrohliche Situationen aufgrund von Umfeld- bzw. Umweltrisiken zu vermeiden.[100]

Die SWOT-Analyse ist nicht nur auf das Unternehmen als Ganzes anwendbar, sondern auf jeden Teilbereich des Unternehmens und für jedes einzelne Land anwendbar. Ein Land wird durch seine individuellen Chancen und Gefahren charakterisiert, ebenso kann das Stärken-Schwächen-Profil eines Unternehmens länderspezifisch ausgeprägt sein.[101]

3.2.3. Marktauswahlstrategie

Zuerst muss die Entscheidung gefällt werden, wo ein Unternehmen lokal präsent sein möchte. Möchte ein Unternehmen eine Weltmarktstrategie verfolgen, bedarf es keiner Selektion von Ländermärkten. Meistens ist es, bedingt durch knappe Ressourcen, unumgänglich, gezielt Märkte auszuwählen. Es wird eine sog. Marktselektionsstrategie durchgeführt. Für eine Marktselektion existieren keine idealtypischen Strategien bzw. Strategiemuster. Im Vordergrund steht vielmehr das Aufzei-

---

[100] Vgl. Dillerup, Ralf/ Stoi, Roman: Unternehmensführung, 2006, S. 235.

[101] Vgl. Kutschker, Michael/ Schmid, Stefan: Internationales Management, 5. bearbeitete Auflage, 2006, S. 816f.

gen der Kriterien, die bei der Entscheidung eine zentrale Rolle spielen sollen, sowie die verschiedenen Verfahren, die als Entscheidungshilfe für die Auswahl von Ländermärkten dienen. Ziel ist es, die Länder zu identifizieren, deren Bearbeitung langfristig Erfolg versprechend erscheint.

Die Entscheidung, in welchem Land bzw. auf welchem Markt sich ein Unternehmen letztendlich engagieren möchte, hängt neben unternehmensinternen Faktoren v.a. von drei Kriterien ab:

- Attraktivität des Ländermarktes bzw. der Marktsegmente,
- Risiken des Ländermarktes bzw. der Marktsegmente und
- Eintrittsbarrieren in einen Ländermarkt bzw. in ein Marktsegment

Zur Attraktivität der Ländermärkte gehören bspw. das Marktvolumen, -wachstum und -struktur sowie Preisstruktur, Kosten- und Beschaffungssituation und die vorhandene Infrastruktur. Die Attraktivität eines Marktes ist subjektiv und hängt ganz entscheidend von den unternehmensindividuellen Zielen und Motiven ab.[102]

Die Entscheidung für bzw. gegen ein Engagement in einem Ländermarkt kann nicht allein auf Grundlage seiner Attraktivität getroffen werden, da dieser auch Risiken bergen kann.

Länderrisiken stellen nicht nur eine Markteintrittsbarriere dar, sondern beeinflussen in entscheidendem Maße die Attraktivität des Landes. Definiert werden Risiken als eine mit der unternehmerischen Tätigkeit verbundenen Gefahr der Beeinträchtigung oder Nichterreichung unternehmerischer Zielsetzungen. Diese ergeben sich aus der gesamtwirtschaftlichen, politischen und soziokulturellen Situation eines Landes. Hiervon werden politische und wirtschaftliche Risiken abgeleitet. Zu

---

[102] Vgl. Kutschker, Michael/ Schmid, Stefan: Internationales Management, 5. bearbeitete Auflage, 2006, S. 928f.

den politischen Risiken zählen z.B. Dispositionsrisiken. Diese bedeuten, dass der Handlungsspielraum eines Unternehmens durch staatliche Auflagen, soziale Unruhen oder Kriege eingeschränkt wird. Weitere Risiken sind Enteignungsrisiken, Transfer- oder Substitutionsrisiken sowie rechtliche Risiken. Als wirtschaftliche Risiken werden bspw. Zahlungs-, Währungs- und Transportrisiko gesehen. Die Beurteilung des Länderrisikos lässt sich über qualitative und quantitative Konzepte erreichen (Abbildung 13).[103]

Abbildung 13: Länderrisiko-Beurteilungskonzepte

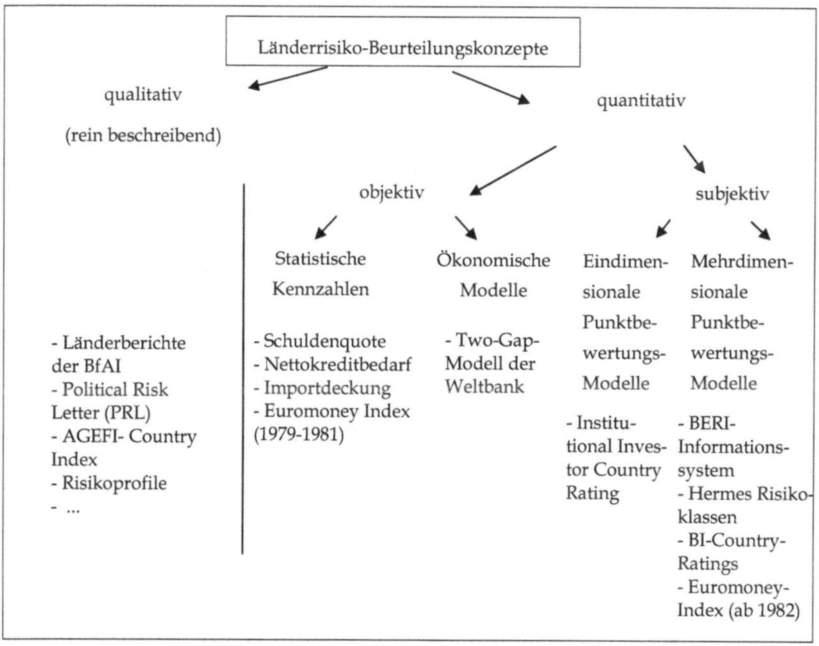

Quelle: In Anlehnung an Berndt, Ralph/ Altobelli, Claudia Fantapié/ Sander, Matthias: Internationales Marketing-Management, 3., überarbeitete u. erweiterte Auflage, 2005, S. 106.

---

[103] Vgl. Berndt, Ralph/ Altobelli, Claudia Fantapié/ Sander, Matthias: Internationales Marketing-Management, 3., überarbeitete u. erweiterte Auflage, 2005, S. 105f.

Das wichtigste Kriterium bei der Marktselektion sind die Markteintrittsbarrieren. Diese sind vom Unternehmen zu überwinden, sobald es den Markt erfolgreich bearbeiten will. Es gibt verschiedene Gruppen von Eintrittsbarrieren:[104]

- Ökonomische Barrieren, z.B. Betriebsgrößenvorteile, Präferenzvorteile, Kapitalbedarf, Zugang zu Vertriebskanälen
- Protektionistische Barrieren, z.B. tarifäre Handelsbestimmungen (z.B. Zölle), nichttarifäre Bestimmungen (z.B. Importbeschränkungen oder Subventionen)
- Verhaltensbedingte Barrieren, z.B. ausgeprägter Konsumpatriotismus

Die Verfahren zur Marktselektion dienen der Identifizierung der Länder, in denen die strategischen Internationalisierungsziele am besten verwirklicht werden können. Meffert und Bolz unterscheiden ein zweistufiges Auswahlverfahren für die internationale Segmentierung. Auf die intranationale Segmentierung wird im Folgenden nicht weiter eingegangen. Beiden Segmentierungsstufen der internationalen Auswahl stehen unterschiedliche Verfahren zur Verfügung. Es werden analytische und heuristische Verfahren unterschieden. Heuristische Methoden zeichnen sich durch ihre geringeren Anforderungen an die Beschaffung von Informationen aus und eignen sich daher mehrheitlich für eine erste Grobauswahl. Für die Feinauswahl innerhalb der internationalen Segmentierung haben sich analytische Methoden bewährt. Analytische Verfahren eignen sich ebenfalls für die intranationale Segmentierung.[105]

---

[104] Vgl. Berndt, Ralph/ Altobelli, Claudia Fantapié/ Sander, Matthias: Internationales Marketing-Management, 3., überarbeitete u. erweiterte Auflage, 2005, S. 104f.

[105] Vgl. Meffert, Heribert/ Bolz, Joachim: Internationales Marketing- Management, 3. überarbeitete und ergänzte Auflage, 1997, S. 116ff.

Für die Grobauswahl werden im Folgenden beispielhaft das Checklisten-Verfahren und das Punktbewertungsverfahren betrachtet.

Beim Checklisten-Verfahren liegt der Grundgedanke in der Erstellung von Bedingungen, die zur Aufnahme einer Auslandstätigkeit unbedingt erfüllt sein müssen. Dies sind v.a. Faktoren, die der globalen Umwelt (dazu Kapitel 3.2.2.1.) eines Unternehmens zugeordnet werden können. In der Makroumweltanalyse wurden diese bereits analysiert sowie Chancen und Risiken für das Auslandsengagement eines Unternehmens identifiziert. Mit dem Checklistenverfahren können erste Ländermärkte eliminiert werden, die für eine Auslandsbearbeitung nicht in Frage kommen. Dies reduziert die Anzahl der zu betrachtenden Ländermärkte in der Feinauswahl. Besonders qualitative Informationen können mit dem Checklisten-Verfahren gewonnen werden.[106]

Etwas differenzierter als beim Checklisten-Verfahren kann beim Punktbewertungsverfahren vorgegangen werden. Die einzelnen Umweltkriterien erhalten je nach eingeschätzter Bedeutung für das Unternehmen eine individuelle Gewichtung. Damit lassen sich für jedes Land Gesamtpunktwerte errechnen, mit deren Hilfe über eine Auswahl entschieden werden kann.

Bei der Feinauswahl sind alle Länder herauszufiltern, die nach ökonomischen Gesichtspunkten einen Markteintritt rechtfertigen. Es bieten sich hauptsächlich Verfahren aus dem Bereich der Investitionsrechnung an. Beispielhaft sei an dieser Stelle das Kapitalwertverfahren erwähnt,

---

[106] Vgl. Welge, Martin K./ Holtbrügge, Dirk: Internationales Management, Theorien, Funktionen, Fallstudien, 4., überarbeitete und erweiterte Auflage, 2006, S. 98f.

das das Land als besonders günstig betrachtet, in dem der Absatz des Produktes den höchsten Kapitalwert[107] erbringt.[108]

Nach der internationalen Marktsegmentierung müssen die zu bearbeitenden Länder intranational segmentiert werden, d.h. es müssen Zielgruppen identifiziert werden, die bearbeitet werden sollen.

Die Betrachtung der Marktauswahlstrategien ist im praktischen Beispiel dieser Arbeit nicht relevant, da die Betrachtung am Beispiel der USA erfolgen soll. Bei jedem Internationalisierungsvorhaben eines Unternehmens unabhängig von der Branche muss auf jeden Fall eine Marktauswahlstrategie mit Länderselektion erfolgen.

3.2.4. Markteintrittsstrategien

3.2.4.1. Überblick über mögliche Markteintrittsstrategien

Parallel mit der Auswahl des Zielmarktes ist die Frage zu klären, mit welcher Strategie in den ausgewählten Markt eingetreten werden soll. In internationalen Fachzeitschriften wie z.B. International Business Review oder Journal of International Business Studies nehmen Beiträge zu Markteintrittsstrategien einen zentralen Platz ein. Eine Systematisierung der Eintrittsformen kann nach zahlreichen Kriterien erfolgen. Grabner und Kräuter nennen das Kriterium „Standort der Leistungserstellung", das für den Absatz von deutschem Wein im Ausland von entscheidender Bedeutung ist.[109] Meist erfolgt eine Systematisierung auf Basis mehrerer Kriterien. Die Eintrittsformen mit Produktion im Inland werden in einer Übersicht dargestellt.

---

[107] Kapitalwert = Differenz der Barwerte der Einzahlungen und Auszahlungen. Ein Barwert ist der gegenwärtige Wert einer später fälligen Forderung. Er wird durch Abzinsung oder Diskontierung ermittelt.

[108] Vgl. Meffert, Heribert/ Bolz, Joachim: Internationales Marketing- Management, 3. überarbeitete und ergänzte Auflage, 1997, S. 121.

[109] Vgl. Kutschker, Michael/ Schmid, Stefan: Internationales Management, 5. bearbeitete Auflage, 2006, S. 825.

Abbildung 14: Formen des Auslandsmarkteintritts mit Produktion im Inland

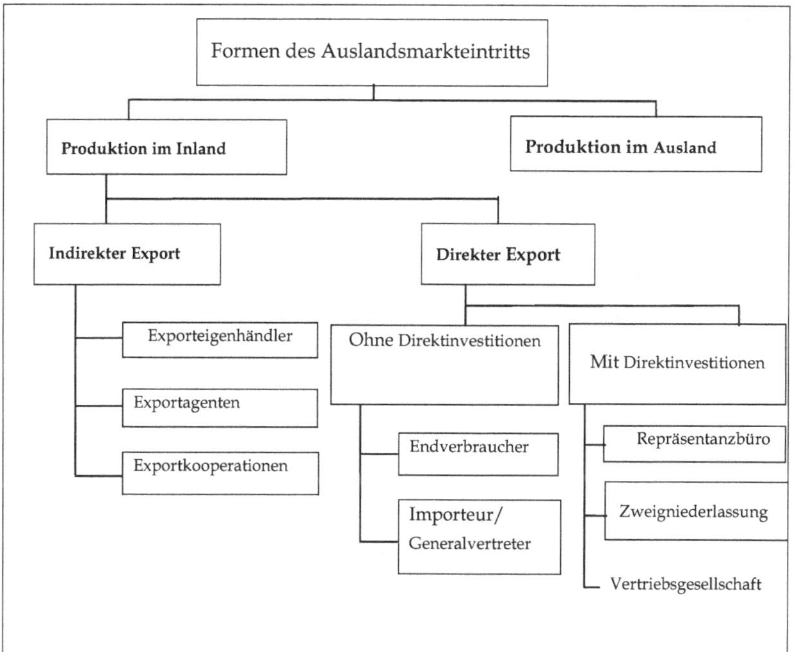

Quelle: In Anlehnung an Berndt, Ralph/ Altobelli, Claudia Fantapié/ Sander, Matthias: Internationales Marketing-Management, 3., überarbeitete u. erweiterte Auflage, 2005, S. 140.

Eine Produktion im Ausland ist für deutschen Wein nicht möglich, da, wie der Begriff „deutscher Wein" schon aussagt, wenigstens die benötigten Trauben in Deutschland angebaut werden müssen, wenn nicht auch die Weinerzeugung in Deutschland erfolgen muss. Daher wird auf die Markteintrittsformen mit Auslandsproduktion im Folgenden nicht weiter eingegangen.

Wenn eine erste Entscheidung nach dem Kriterium „Standort der Leistungserstellung im Inland" erfolgt, kommt lediglich der Export als Markteintrittsform in Betracht. Alle anderen Markteintrittsformen implizieren mitunter eine Produktion im Ausland. Export ist ein physischer Transfer von Gütern und Dienstleistungen über Landesgrenzen hinweg.[110] Der Export stellt die einfachste Möglichkeit dar, Beziehungen zu einem Auslandsmarkt aufzunehmen. Wesentliche Voraussetzungen für den Export sind ein weitgehend freier Güter- und Zahlungsverkehr sowie etablierte Absatzkanäle.[111] Es existieren zwei Grundformen des Exports zwischen denen ein Unternehmen wählen kann: Indirekter Export und direkter Export mit oder ohne Direktinvestitionen.

3.2.4.2. Indirekter Export

Beim indirekten Export werden Auslandsaktivitäten durch Einschaltung von Außenhandelsunternehmen im Inland vorgenommen.

Abbildung 15: Indirekter Export

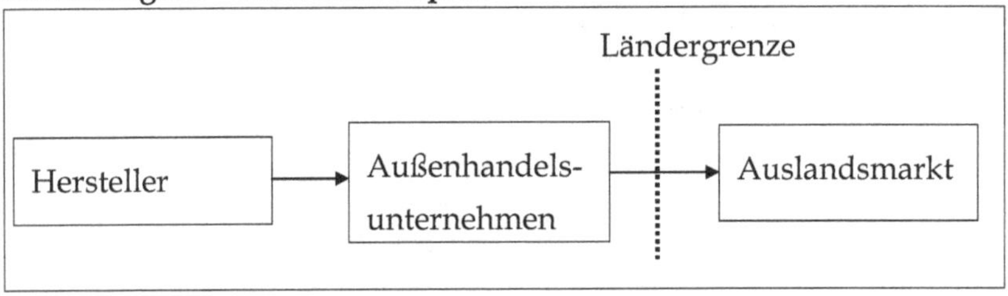

Quelle: In Anlehnung an Benkenstein, Martin/ Stephan, Anja: Direkter vs. Indirekter Export: Eine vergleichende Analyse, in: Zentes, Joachim/ Morschett, Dirk/ Schramm-Klein, Hanna (Hrsg.): Außenhandel, Marketingstrategien und Managementkonzepte, 2004, S. 356.

Eine Geschäftsbeziehung zwischen inländischem Exporteur und dem ausländischen Geschäftspartner besteht demnach nur indirekt über einen Intermediär des Exportlandes.[112] Die Außenhandelsunternehmen sind rechtlich und wirtschaftlich selbständig. Die Waren werden normalerweise an die zwischengeschalteten Außenhandelsunternehmen

---

[110] Vgl. Welge, Martin K./ Holtbrügge, Dirk: Internationales Management, Theorien, Funktionen, Fallstudien, 4., überarbeitete und erweiterte Auflage, 2006, S. 110.

[111] Vgl. Berndt, Ralph/ Altobelli, Claudia Fantapié/ Sander, Matthias: Internationales Marketing-Management, 3., überarbeitete u. erweiterte Auflage, 2005, S. 141.

[112] Vgl. Kutschker, Michael/ Schmid, Stefan: Internationales Management, 5. bearbeitete Auflage, 2006, S. 828.

verkauft, die auch die gesamte Exportabwicklung übernehmen (Transport zum Auslandsmarkt, Vertrieb und Zahlungsabwicklung). Darüber hinaus tragen sie die damit verbundenen Kosten und Risiken.[113] Berndt, Altobelli und Sander beschreiben allerdings, dass es auch einen indirekten Export auf fremde Rechnung gibt und der Produzent alle mit dem Export verbundenen Risiken trägt.[114]

Der Absatz beim indirekten Export kann über:

- Exporteigenhändler (z.B. inländische Exporthändler, Niederlassungen ausländischer Unternehmen oder Importfirmen),
- Exportagenten (z.B. Handelsvertreter, Handelsmakler oder Kommissionäre) und
- Exportkooperationen (freiwilliger Zusammenschluss exportierender Unternehmen)

erfolgen.[115]

Exporteigenhändler spezialisieren sich meist auf bestimmte Sortimente oder Länder und arbeiten auf eigene Rechnung. Im Gegensatz dazu führen die Exportagenten zwar den Verkauf der Produkte ins Ausland in Eigenregie durch, jedoch nicht auf eigene Rechnung. Das exportierende Unternehmen bleibt Eigentümer der Ware und trägt weiterhin die mit dem Export verbundenen Risiken. Bei der Exportkooperation bleiben die zusammengeschlossenen Unternehmen zwar rechtlich und wirtschaftlich selbständig, die Exportaufgaben werden jedoch an ein

---

[113] Vgl. Benkenstein, Martin/ Stephan, Anja: Direkter vs. Indirekter Export: Eine vergleichende Analyse, in: Zentes, Joachim/ Morschett, Dirk/ Schramm-Klein, Hanna (Hrsg.): Außenhandel, Marketingstrategien und Managementkonzepte, 2004, S. 356f.

[114] Vgl. Berndt, Ralph/ Altobelli, Claudia Fantapié/ Sander, Matthias: Internationales Marketing-Management, 3., überarbeitete u. erweiterte Auflage, 2005, S. 141f.

[115] Vgl. Berndt, Ralph/ Altobelli, Claudia Fantapié/ Sander, Matthias: Internationales Marketing-Management, 3., überarbeitete u. erweiterte Auflage, 2005, S. 141f.

Exportorgan abgegeben. Dieses organisiert die Exportgeschäfte entweder auf eigenen Namen oder auf Namen des jeweiligen Mitgliedsbetriebes.

Es gibt vielfältige Motive, die für ein Auslandsengagement mit indirektem Export sprechen. Diese Form des Markteintrittes eignet sich v.a. für kleinere und mittlere Unternehmen, da weniger Ressourcen gebunden oder Know-how aufgebaut werden müssen. Gleichzeitig bedeutet der indirekte Export auch wesentlich geringere organisatorische Komplexität und Gefahren, denen das exportierende Unternehmen ausgesetzt ist.

Ein ganz wesentliches Risiko des Exports sind Wechselkursschwankungen. Durch Einschaltung eines Exporteigenhändlers wird dieses Risiko auf den Exporteur übertragen. Darüber hinaus haben sich die eingesetzten Außenhandelsunternehmen meist auf bestimmte Branchen oder Länder spezialisiert und verfügen dementsprechend über die notwendige Markt- und Kundennähe. Das exportierende Unternehmen benötigt keine eigene Auslandserfahrung. Die indirekte Exporttätigkeit gewährleistet eine gewisse Flexibilität, da sie schnell beendet werden kann und zudem ein Wechsel in eine andere Form der Auslandsmarktbearbeitung auch ohne große Veränderungen möglich ist.[116]

Der indirekte Export als Eintrittsform in einen Markt weist allerdings einige Probleme und Nachteile auf. Nicht alle Produkte eignen sich für einen indirekten Export, z.B. wenn das Produkt vom inländischen Hersteller nicht auf die Außenhandelsorganisation übertragen werden kann. Dies ist v.a. bei komplexeren Produkten der Fall. Ein indirekter Export kann sich gewinnmindernd auf das Herstellerunternehmen auswirken. Als Risikoausgleich verlangen Außenhandelsunternehmen

---

[116] Vgl. Kutschker, Michael/ Schmid, Stefan: Internationales Management, 5. bearbeitete Auflage, 2006, S. 828; vgl. Bruns, Jürgen: Internationales Marketing, 3. Auflage, 2003, S. 95; vgl. Welge, Martin K./ Holtbrügge, Dirk: Internationales Management, Theorien, Funktionen, Fallstudien, 4., überarbeitete und erweiterte Auflage, 2006, S. 111.

oftmals hohe Spannen zwischen Einkaufs- und Verkaufspreis. Daher muss das inländische Unternehmen die Produkte entweder kostengünstig an den Zwischenhändler verkaufen oder der festgesetzte Verkaufspreis des Zwischenhändlers im Ausland ist so hoch, dass die Absatzmenge entsprechend niedriger ausfällt. Zudem können beim indirekten Export keine eigenen Erfahrungen auf dem Auslandsmarkt gesammelt werden. Der inländische Hersteller der Produkte lernt nur wenig über die Situation im Exportland und die verschiedenen Kundengruppen (z.B. Groß- oder Einzelhändler, Endkonsumenten) mit ihren Wünschen und Bedürfnissen. Ebenso können keine zusätzlichen Informationen über die Konkurrenzsituation gesammelt werden. Sehr häufig wird das Absatzpotenzial von den Außenhandelsunternehmen nicht optimal ausgeschöpft, da sich viele Konkurrenzprodukte im Sortiment befinden. Ein weiteres negatives Kriterium ist, dass eine Kontrolle der eingesetzten Marketinginstrumente nur bedingt möglich ist. Zum Teil werden nicht die richtigen Produkte aus dem Sortiment gewählt, die Preise nicht spezifisch festgelegt oder eine undifferenzierte Kommunikationspolitik betrieben. Auf die Distributionspolitik hat das Unternehmen keinen Einfluss und kann diese somit nicht selbst gestalten. Der zwischengeschaltete Exporteur übt eine Art Filterfunktion aus. Er trifft eine Vorauswahl aus den ihm vorliegenden Angeboten mehrerer Hersteller. Dem Kunden leitet er im Anschluss die Angebote weiter, die seiner Ansicht nach am günstigsten bzw. lukrativsten sind. Der inländische Hersteller erfährt nicht, ob sein Angebot dem Kunden evtl. nicht angeboten wurde. Ein eigener Beziehungsaufbau zu den Abnehmern ist nicht möglich und kann sich beim Wechsel in eine andere Markteintrittsform negativ auswirken. Kontakte müssen neu geknüpft, auf das Beziehungsnetzwerk des Exporteurs kann nicht zurückgegriffen oder daran angeknüpft werden.[117]

---

[117] Vgl. Kutschker, Michael/ Schmid, Stefan: Internationales Management, 5. bear-

3.2.4.3. Direkter Export

Beim direkten Export erfolgt die Marktbearbeitung ohne Einschaltung eines inländischen Exportzwischenhändlers direkt an Wiederverkäufer und/oder Endverbraucher im Ausland.

Abbildung 16: Direkter Export

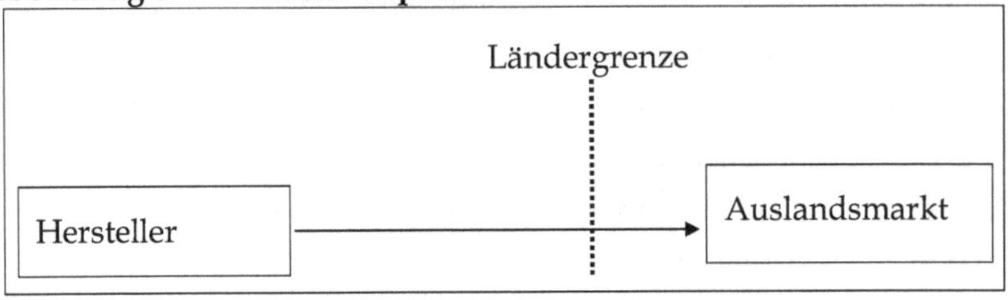

Quelle: In Anlehnung an Benkenstein, Martin/ Stephan, Anja: Direkter vs. Indirekter Export: Eine vergleichende Analyse, in: Zentes, Joachim/ Morschett, Dirk/ Schramm-Klein, Hanna (Hrsg.): Außenhandel, Marketingstrategien und Managementkonzepte, 2004, S. 360.

Mögliche Geschäftspartner im Ausland sind:[118]

- Endabnehmer im Ausland (Unternehmungen, Institutionen, Privatkunden),
- Handelsunternehmen im Ausland (Groß- und Einzelhandel),
- Handelsvertreter im Ausland,
- Handelsmakler im Ausland,
- Kommissionäre im Ausland und
- Generalimporteure im Ausland.

beitete Auflage, 2006, S. 829; vgl. Berndt, Ralph/ Altobelli, Claudia Fantapié/ Sander, Matthias: Internationales Marketing-Management, 3., überarbeitete u. erweiterte Auflage, 2005, S. 142; vgl. Bruns, Jürgen: Internationales Marketing, 3. Auflage, 2003, S. 96f.

118 Vgl. Kutschker, Michael/ Schmid, Stefan: Internationales Management, 5. bearbeitete Auflage, 2006, S. 830f.

Generell können zwei Varianten des direkten Exports unterschieden werden:[119]

- Direkter Export ohne Direktinvestitionen und
- Direkter Export mit Direktinvestitionen.

Der direkte Export ohne Direktinvestitionen erfolgt an ausländische Endabnehmer oder an selbständige ausländische Importeure, die die Produkte an die Endabnehmer weiterverkaufen.

Direkter Export mit Direktinvestitionen bedeutet, dass eine Kapitalinvestition im Ausland getätigt wird. Je wichtiger der Export für ein Unternehmen ist, desto stärker wird das Interesse sein, die fremden weisungsfreien Distributionsorgane im Ausland durch unternehmenseigene, weisungsabhängige Vertretungen zu ersetzen. Wie eine solche Kapitalbindung im Ausland aussehen kann, hängt u.a. von der Höhe des Kapitals sowie der Intensität der wirtschaftlichen Verflechtung ab.

Es können drei Varianten unterschieden werden:

- Repräsentanzbüro,
- Zweigniederlassung und
- Vertriebsgesellschaft.

Das Repräsentanzbüro stellt die erste und am wenigsten aufwendige Stufe eines eigenen Distributionsorgans im Ausland dar. In der Regel wird ein Geschäftsführer für das Auslandsbüro entsandt, der vertraglich und organisatorisch in das Unternehmen eingegliedert ist. Er hat die Aufgabe den Auslandsmarkt zu erschließen, zu beobachten und Geschäftsbeziehungen vor Ort aufzubauen.

---

[119] Vgl. Berndt, Ralph/ Altobelli, Claudia Fantapié/ Sander, Matthias: Internationales Marketing-Management, 3., überarbeitete u. erweiterte Auflage, 2005, S. 142f.

Mit Zweigniederlassungen geht das Auslandsengagement einen Schritt weiter. Zweigniederlassungen sind in ein offizielles Register einzutragen. Rechtlich gehören sie wie das Repräsentanzbüro, zum Mutterunternehmen. Abweichende Merkmale sind nicht nur die Eintragung, sondern auch die Anzahl der entsandten Mitarbeiter, die i.d.R. höher ausfällt als beim Repräsentanzbüro. Darüber hinaus haben die Mitarbeiter weiterreichende Entscheidungsbefugnisse und sind mit lokalen unternehmerischen Funktionen ausgestattet.

Vertriebsgesellschaften stellen die risiko- und kapitalintensivste Form des direkten Exportkanals dar. Diese juristisch selbständigen und eintragspflichtigen Gesellschaften übernehmen neben der Lagerung und dem Verkauf der Produkte auch Wartungs- und Serviceleistungen. Der Hersteller verfügt zwar über Kontrollmöglichkeiten vor Ort, die Vertriebsgesellschaften sind jedoch bevollmächtigt, in alleiniger Verantwortung Geschäfte abzuschließen.[120]

Es gibt viele Gründe, die für einen direkten Export sprechen. Der direkte Export gewährleistet eine bessere Steuerung und Kontrollmöglichkeit des Absatzes als der indirekte Export. Dies ermöglicht die unmittelbare Beziehung zu den ausländischen Geschäftspartnern ohne Zwischenschaltung eines inländischen Außenhandelsunternehmens. Aufgrund der unmittelbaren Geschäftsbeziehung hat das Unternehmen die Chance, komplexere Produkte und Dienstleistungen zu exportieren, was über ein zwischengeschaltetes Außenhandelsunternehmen nicht oder nur schwierig möglich wäre. Eine Vielzahl von verschiedenen Produkten eignet sich für den direkten Export. Die relativ großen Gewinneinbußen, die durch den indirekten Export entstehen, entstehen beim direkten Export nicht. Das exportierende Unternehmen muss bei Einschaltung eines eigenen Mittlers im Ausland ebenfalls Kosten einkalku-

---

[120] Vgl. Berndt, Ralph/ Altobelli, Claudia Fantapié/ Sander, Matthias: Internationales Marketing-Management, 3., überarbeitete u. erweiterte Auflage, 2005, S. 143.

lieren, die allerdings bei Weitem nicht so hoch ausfallen, wie bei einem Außenhandelsunternehmen. Durch modernere Informations- und Kommunikationstechnologien können Produkte an den Handel bzw. an die Endabnehmer direkt vom inländischen Stammhaus des exportierenden Unternehmens geliefert werden. Durch den Einsatz von eigenen Mitarbeitern im Ausland entstehen zwar Kosten, allerdings kann der Markt besser beobachtet, auf das Verhalten der Konkurrenz besser reagiert sowie auf die Kundenbedürfnisse eingegangen werden. Es ist dabei zu bedenken, dass es oftmals nicht möglich ist, ohne einen Mittler in einen ausländischen Markt einzutreten bzw. diesen zu bearbeiten. Um die bestehenden Geschäftsbeziehungen eines Mittlers in entsprechender Qualität selbst zu entwickeln, müssen Zeit und Ressourcen eingeplant und bereitgestellt werden. Der Wechsel oder die Einstellung der direkten Exporttätigkeit ist zwar im Vergleich zum indirekten Export aufwändiger, hinsichtlich anderer Formen des Markteintritts aber relativ kostengünstig, besonders bei der Variante ohne Direktinvestitionen.[121]

Trotz vieler positiver Gründe, die für einen direkten Export sprechen, birgt diese Form des Exports auch Nachteile. Obwohl über den Export ein breiteres Spektrum an Produkten und Dienstleistungen im Ausland verkauft werden kann, gibt es Produkte, die für den Export ungeeignet sind. Dies betrifft v.a. Produkte, die eine kurze Haltbarkeit haben bzw. hohe Transportkosten verursachen, weil die Produkte spezielle Transportbedingungen benötigen. Beim direkten Export spielt weiterhin das Währungsrisiko eine große Rolle. Während dieses Risiko beim indirekten Export von dem Außenhandelsunternehmen übernommen wird, trägt es in diesem Fall das exportierende Unternehmen selbst. Ein schlechter Wechselkurs kann für das exportierende Unternehmen bedeuten, dass es nur noch bedingt konkurrenzfähig ist. Dies wäre der

---

[121] Vgl. Kutschker, Michael/ Schmid, Stefan: Internationales Management, 5. bearbeitete Auflage, 2006, S. 833f.

Fall, wenn die zusätzlichen Kosten in die Verkaufspreise der Produkte einkalkuliert werden, da sich ansonsten die Gewinnspanne des exportierenden Unternehmens verringert. Beim direkten Export ohne Direktinvestitionen entsteht für das Unternehmen mit der Marktbearbeitung das gleiche Problem wie beim indirekten Export - es kann nur mit Zeitverzug auf Marktveränderungen reagiert werden. Darüber hinaus fehlt dem exportierenden Unternehmen die Akzeptanz vor Ort, da es dort selbst nicht präsent ist. Findet ein direkter Export ohne Mittler und Direktinvestitionen statt, bedeutet dies, dass Ressourcen im Inland für die Exporttätigkeit aufgebaut bzw. eingebunden werden müssen. Das dafür eingesetzte Personal muss sich um Aufgaben wie den Aufbau und die Pflege von Kundenkontakten kümmern, die Finanzierung des Exports abwickeln sowie Exportdokumente bearbeiten und die Logistik sicherstellen.[122]

3.2.5. Marktbearbeitungsstrategien

3.2.5.1. Internationale Produktpolitik

Nach der Definition von Meffert beinhaltet die Produktpolitik alle Entscheidungstatbestände, die sich mit der Gestaltung des im Absatzmarkt befindlichen Leistungsprogramms eines Unternehmens beschäftigen. Die Produktpolitik wird als „Herz des Marketing" bezeichnet.[123] Demnach spielt die Gestaltung des Leistungsangebots, d.h. die Entwicklung neuer Produkte, Veränderungen in der Produktpalette oder des einzel-

[122] Vgl. Benkenstein, Martin/ Stephan, Anja: Direkter vs. Indirekter Export: Eine vergleichende Analyse, in: Zentes, Joachim/ Morschett, Dirk/ Schramm-Klein, Hanna (Hrsg.): Außenhandel, Marketingstrategien und Managementkonzepte, 2004, 362ff.

[123] Vgl. Meffert, Heribert/ Burmann, Christoph/ Kirchgeorg, Manfred: Marketing, Grundlagen marktorientierter Unternehmensführung, Konzepte - Instrumente - Praxisbeispiele, 2008, S. 397.

nen Produkts sowie die Ergänzung und Eliminierung vorhandener Produkte eine entscheidende Rolle für den Erfolg eines Unternehmens.

Produkte haben Eigenschaften, die im Kern einen sog. Grundnutzen erfüllen und weitere Bedürfnisse des Konsumenten mit dem sog. Zusatznutzen befriedigen. Der Grundnutzen bezieht sich auf die Basiseigenschaften eines Produkts. Der Zusatznutzen, der sich aus Erbauungsnutzen und Geltungsnutzen zusammensetzt, bezieht sich auf die über die Basiseigenschaften hinausgehende Bedürfnisbefriedigung. Dabei beinhaltet der Erbauungsnutzen die ästhetische Wirkung, wie z.B. Design und Verpackung. Der Geltungsnutzen zielt auf die soziale Wirkung ab, d.h. soziale Anerkennung, Marke, Prestige etc.[124]

Im internationalen Kontext kann es zu einem unterschiedlichen Zusammenspiel von Grund- und Zusatznutzen in den verschiedenen Ländermärkten kommen. Der Grundnutzen, d.h. die Basiseigenschaft eines Produkts, ist meist in allen Ländern gleich, während sich der Zusatznutzen, d.h. alle über den Basisnutzen hinausgehende Eigenschaften, in den einzelnen Ländern unterscheiden kann. Hier setzt der internationale Wettbewerb an.

Es gibt mehrere Handlungsalternativen, deren Betrachtung im internationalen Rahmen interessant ist:

- internationale Produktentwicklung,
- internationale Leistungsprogrammpolitik,
- internationale Markenpolitik und
- internationale Servicepolitik.

---

[124] Vgl. Meffert, Heribert/ Burmann, Christoph/ Kirchgeorg, Manfred: Marketing, Grundlagen marktorientierter Unternehmensführung, Konzepte - Instrumente - Praxisbeispiele, 2008, S. 399.

Zur Produktentwicklung im internationalen Markt gehören neben der Produktinnovation, d.h. Entwicklung und Einführung neuer Produkte, die Produktvariation sowie -differenzierung für den internationalen Markt.[125] Generell kann der ausländische Markt mit einer Standardisierungs- oder einer Differenzierungsstrategie bearbeitet werden. Wann es sich um eine Standardisierungs- bzw. Differenzierungsstrategie handelt, wird in Abbildung 17 verdeutlicht.

Abbildung 17: Internationale produktpolitische Strategien

	Standardisierung	**Differenzierung**
gleiches Produkt	Übertragung bisheriger Produktkonzeption auf die Auslandsmärkte	–
verändertes Produkt	Entwicklung einer neuen Produktvariante für den Weltmarkt (internationale Produktvariation)	Länderspezifische Anpassung der bisherigen Produktkonzeption (Internationale Produktdifferenzierung)
neues Produkt	Entwicklung eines neuen Produkts für den Weltmarkt (internationale Produktinnovation)	Entwicklung neuer Produkte für die einzelnen Auslandsmärkte

Quelle: In Anlehnung an Berndt, Ralph/ Altobelli, Claudia Fantapié/ Sander, Matthias: Internationales Marketing-Management, 3., überarbeitete u. erweiterte Auflage, 2005, S. 206.

Standardisierung bedeutet, dass eine Produktinnovation oder -variation für den gesamten internationalen Markt, d.h. für alle Länder, in denen ein Unternehmen tätig ist, entwickelt und dort angeboten wird. Wird ein verändertes Produkt lediglich für einen Ländermarkt entwickelt, kann von einer Produktdifferenzierung und einer Differenzierungsstrategie gesprochen werden. Eine Standardisierungsstrategie hat den Vorteil, dass geringere Kosten anfallen, was sich wiederum positiv auf Pro-

[125] Vgl. Berndt, Ralph/ Altobelli, Claudia Fantapié/ Sander, Matthias: Internationales Marketing-Management, 3., überarbeitete u. erweiterte Auflage, 2005, S. 206f.

duktpreis und Absatz auswirken kann. Bei einer Differenzierungsstrategie ist vorteilhaft, dass die Produkte genau auf die Kundenbedürfnisse im jeweiligen Markt sowie auf die dortigen rechtlichen Bestimmungen angepasst werden können.[126]

Produktinnovationen haben eine besondere Stellung im Unternehmen. Sie tragen sowohl zur Wachstumssteigerung und Sicherung des Erfolgspotenzials sowie zur Absicherung des langfristigen Überlebens eines Unternehmens bei. Dieser existenzsicherenden Rolle steht jedoch eine große Misserfolgswahrscheinlichkeit sowie ein hoher Ressourcenaufwand gegenüber. Von einer Innovation kann gesprochen werden, wenn ein in Deutschland bereits eingeführtes Produkt erstmals im Auslandsmarkt angeboten wird und der Einführungsprozess dort erneut durchlaufen werden muss.[127]

Die internationale Produktvariation beinhaltet die Veränderung einzelner Produkteigenschaften (z.B. ästhetisch, funktional oder technisch) eines bereits im Inland eingeführten Produkts. Die Veränderungen werden so vorgenommen, dass sie eine möglichst breite Käuferschicht ansprechen. Es wird nach einem „gemeinsamen Nenner" für alle Ländermärkte gesucht. Das Ergebnis ist ein Produkt, das in allen Ländermärkten in identischer Form angeboten wird.

Sind die Kundenbedürfnisse in den einzelnen Ländermärkten zu unterschiedlich, ist die Strategie der Produktdifferenzierung zu bevorzugen. Bei der internationalen Produktdifferenzierung werden verschiedene Produktvarianten für einzelne Ländermärkte konzipiert, die spezifisch

---

[126] Vgl. Kutschker, Michael/ Schmid, Stefan: Internationales Management, 5. bearbeitete Auflage, 2006, S. 982f.

[127] Vgl. Bruns, Jürgen: Internationales Marketing, 3. Auflage, 2003, S. 146f.

auf die Kundenbedürfnisse im jeweiligen Land zugeschnitten wurden.[128]

Leistungsprogramm

Beim internationalen Leistungsprogramm wird die Frage geklärt, wie viele Produkte bzw. welche Produkte in den einzelnen Ländern angeboten werden. Dem Unternehmen stehen dabei mehrere Möglichkeiten offen. Entweder wird die gesamte Produktpalette im Ausland angeboten, eine Reduzierung des Sortiments vorgenommen oder es wird ein länderspezifisches Angebot zusammengestellt (Produktdifferenzierung oder -variation).

Wird das Sortiment unverändert auf den Auslandsmarkt übertragen, setzt dies eine große Homogenität mit dem Heimatmarkt hinsichtlich der Kaufgewohnheiten, Bedürfnisse und rechtlichen Normen im Auslandsmarkt voraus. Meist ist die Angebotspalette des Unternehmens in diesem Fall recht klein und die angebotenen Produkte kulturfrei.[129]

Häufig tritt jedoch der Fall ein, dass das Sortiment eines Unternehmens im Ausland nicht komplett angeboten wird. Dies ist v.a. bei Unternehmen der Fall, die noch am Anfang ihres Auslandsengagements stehen oder den Export als Markteintrittsstrategie gewählt haben. Oftmals sind es besonders erfolgreiche oder attraktive Produkte, die den Anstoß geben, weitere Märkte im Ausland zu bearbeiten.

Wird das bisher im Inland angebotene Sortiment eines Unternehmens auf die internationalen Märkte erweitert, kann dies mehrere Gründe

---

[128] Vgl. Berndt, Ralph/ Altobelli, Claudia Fantapié/ Sander, Matthias: Internationales Marketing-Management, 3., überarbeitete u. erweiterte Auflage, 2005, S. 208.

[129] Ein kulturfreies Produkt ist ein Produkt, das weitestgehend frei von kulturellen Einflüssen ist. Ein Beispiel dafür wäre Toilettenpapier. Wein hingegen ist ein kulturgebundenes Produkt.

haben. Rechtliche Regelungen oder ähnliche Verbrauchergewohnheiten im Ausland lassen eine solche Vorgehensweise sinnvoll erscheinen.[130]

Markenpolitik

Zu den Aufgaben der internationalen Markenpolitik gehören neben dem Markennamen, die Verpackung und das Produktdesign. Bei der Internationalisierung steht die Frage im Raum, ob das Markenkonzept für alle Länder, in denen ein Produkt angeboten wird, einheitlich gestaltet und angeboten (globale Markenstrategie), länderspezifisch verändert (modulare Markenstrategie) oder länderindividuell gestaltet wird (multinationale Markenstrategie).[131] Die globale Markenstrategie kann v.a. bei kulturfreien Produkten wie z.B. Sportschuhe, Uhren oder PCs verfolgt werden. Bei kulturgebundenen Produkten, dazu gehören z.B. Nahrungsmittel wie Brot, Wein, Bier, Kaffee oder Joghurt wird eine multinationale Markenstrategie gewählt. Nachteilig bei der Wahl dieser Strategie ist die geringe Nutzungsmöglichkeit von Synergie- und Kostendegressionseffekten. Bei der modularen Strategie wird das Markenkonzept länderspezifisch angepasst, verändert wird dabei z.B. die Verpackungsform. Welche Strategie ein Unternehmen letztendlich wählt, hängt aber nicht allein vom Produkt, sondern auch von folgenden Bedingungen ab:[132]

- Externe Rahmenbedingungen (gesetzliche Vorschriften über die Sicherheit eines Produkts, Produkthaftung usw.),
- Wünsche der Verbraucher (Produktgrundnutzen, -zusatznutzen, Design, Geschmack, Image, Prestige usw.) und
- interne Bedingungen (Ziele, Know-how, Kapazitäten usw.).

---

[130] Vgl. Berndt, Ralph/ Altobelli, Claudia Fantapié/ Sander, Matthias: Internationales Marketing-Management, 3., überarbeitete u. erweiterte Auflage, 2005, S. 211f.

[131] Vgl. Bruns, Jürgen: Internationales Marketing, 3. Auflage, 2003, S. 171f.

[132] Vgl. Bruns, Jürgen: Internationales Marketing, 3. Auflage, 2003, S. 171f.

Servicepolitik

In der internationalen Servicepolitik werden die Neben- bzw. Zusatzleistungen festgelegt, die den Absatz der Hauptleistungen eines Produkts fördern sollen. Es kann nach Zusatzleistungen vor dem Kauf („pre-sales service"), nach dem Kauf („after-sales service") und produktunabhängigen Leistungen unterschieden werden. Ziel der Servicepolitik ist es, individuelle Kundenwünsche befriedigen zu können und einen unvergleichlichen Wettbewerbsvorteil zu schaffen (Unique Selling Proposition (USP)). Die Servicepolitik hat im internationalen Wettbewerb in den letzten Jahren deutlich an Bedeutung gewonnen, die Tendenz ist weiter steigend.

3.2.5.2. Internationale Preispolitik

Zu den preispolitischen Entscheidungen gehören Vereinbarungen über das Entgelt des Leistungsangebots, Rabatte, Lieferungs- und Kreditbedingungen sowie die Preisdurchsetzung auf dem Auslandsmarkt. Im internationalen Kontext sind Entscheidungen über die internationale Preis- sowie Konditionenpolitik zu treffen.

Eine der wesentlichen Aufgaben der Preispolitik ist die Festlegung der Verkaufspreise. Es gibt zahlreiche Einflussfaktoren, die auf dem Weg zur Findung des „optimalen" Preises eine Rolle spielen. Zunächst wird auf Grundlage der festgelegten Marketing- bzw. preispolitischen Ziele die Preisstrategie gewählt. Um eine Preisstrategie verfolgen zu können, muss zunächst die grundsätzliche Richtung der Preisstrategie bestimmt werden (Preisorientierung). Hierbei handelt es sich um eine Entscheidung, die mixübergreifend, d.h. unter Berücksichtigung aller Marketinginstrumente, getroffen werden muss. Eine Hochpreisstrategie wird meist mit einer hohen Produktqualität, einem exzellenten Service und einer darauf abgestimmten Kommunikationspolitik verbunden und spiegelt sich auch in der Wahl der Distributionskanäle wider.[133]

Bei Neueinführungen kann zwischen einer Skimmingstrategie und einer Penetrationsstrategie gewählt werden. Bei der Skimmingstrategie wird ein Produkt mit einem hohen Preis am Markt eingeführt, der danach sukzessive gesenkt wird. Ziel der Strategie ist, dass sich die Investitionen schnell amortisieren, um möglichst viel Gewinn abzuschöpfen. Die Skimmingstrategie wird empfohlen, wenn es genügend Nachfrager im Markt gibt, die preisunempfindlich reagieren. Besteht die Gefahr einer schnellen Veralterung des Produkts erscheint die Skimmingstrategie sinnvoll, da eine relativ schnelle Amortisation gewährleistet ist. Weitere Bedingungen sind eine geringe Substituierbarkeit durch andere Produkte sowie die Möglichkeit, Produktionskapazitäten schrittweise aufzubauen.[134]

Mit der Penetrationsstrategie sollen mit niedrigen Preisen hohe Absatzmengen erreicht bzw. Massenmärkte erschlossen werden. Der Einstiegspreis ist gering und kann im Laufe der Zeit gesteigert, beibehalten oder gesenkt werden. Damit sollen mögliche Konkurrenten am Markteintritt gehindert werden, Kapazitäten ausgelastet und Konkurrenten vom Markt verdrängt werden. Sie bietet sich v.a. an, wenn auf dem zu bearbeitenden Markt bereits gleiche oder ähnliche Produkte zu einem höheren Preis angeboten werden. Es besteht ein gewisses Konfliktpotenzial zwischen der Penetrationsstrategie und dem Markenimage, da vom niedrigen Preis nicht auf eine schlechte Produktqualität

---

133 Vgl. Meffert, Heribert/ Burmann, Christoph/ Kirchgeorg, Manfred: Marketing, Grundlagen marktorientierter Unternehmensführung, Konzepte - Instrumente - Praxisbeispiele, 2008, S. 478-504.

134 Vgl. Bruns, Jürgen: Internationales Marketing, 3. Auflage, 2003, S. 200; vgl. Meffert/ Burmann/ Kirchgeorg, 2008, S. 508.

geschlossen werden soll.[135] Um die relativ niedrigen Preise finanzieren zu können, bedarf es allerdings eines gewissen „Kapitalpolsters".

Nach Festlegung der Preisstrategie muss ein Preis für die angebotenen Produkte gefunden werden. Es gibt mehrere Methoden, Preise für einen Ländermarkt zu bestimmen. In der Literatur werden drei verschiedene Methoden unterschieden:[136]

- Kostenorientierte Preisfindung,
- konkurrenzorientierte Preisfindung und
- nachfragerorientierte Preisfindung.

Besonders die kostenorientierte Preisfindung spielt im internationalen Kontext, v.a. in der Exportwirtschaft, eine große Rolle. Da auf Kalkulationsschemata zurückgegriffen werden kann, ist die Methode wenig zeitaufwendig, einfach und kostengünstig. In Abbildung 18 findet sich eine Preiskalkulation für ein Export- bzw. Überseegeschäft, das die Kosten der Herstellung, des Transports, der evtl. Kreditgewährung, der Risikoübertragung auf Dritte sowie einen Gewinnaufschlag beinhaltet.[137] Als Nachteil der kostenorientierten Methode kann gesehen werden, dass weder die Preisbereitschaft der Nachfrager noch Einkommensverhältnisse und andere dynamische Aspekte berücksichtigt werden.

---

[135] Vgl. Meffert, Heribert/ Burmann, Christoph/ Kirchgeorg, Manfred: Marketing, Grundlagen marktorientierter Unternehmensführung, Konzepte – Instrumente – Praxisbeispiele, 2008, S. 507.

[136] Vgl. Berndt, Ralph/ Altobelli, Claudia Fantapié/ Sander, Matthias: Internationales Marketing-Management, 3., überarbeitete u. erweiterte Auflage, 2005, S. 217f; vgl. Meffert, Heribert/ Burmann, Christoph/ Kirchgeorg, Manfred: Marketing, Grundlagen marktorientierter Unternehmensführung, Konzepte – Instrumente – Praxisbeispiele, 2008, S. 524ff.

[137] Vgl. Berndt, Ralph/ Altobelli, Claudia Fantapié/ Sander, Matthias: Internationales Marketing-Management, 3., überarbeitete u. erweiterte Auflage, 2005, S. 217f.

Abbildung 18: Exportkalkulationsschema

1. Herstellkosten für das Exportprodukt

+ Exportgemeinkosten

+ Marktbearbeitungskosten

2. = Selbstkosten des Exportprodukts

+ Gewinnzuschlag

+ Verpackungskosten Export (seemäßige Verpackung)

+ Kosten der Warenprüfung

+ Versicherungskosten (außer Transportversicherung)

+ „Nützliche Abgaben" zur Akquisition

+ Vertreterprovision

3. = Verkaufswert des Exportprodukts („Ab Werk")

+ Kosten der Versanddokumente

+ Rollfuhr bis Abgangsstation

+ Bahn/LKW-Fracht bis „Längsseite Schiff"

+ Speditionskosten - Versandspediteur

+ Speditionsversicherungskosten - Versandspediteur

+ Lagerkosten (Zwischenlagerung)

+evtl Hafengebühren

4. = Verkaufswert des Exportprodukts

(„frei Längsseite Seeschiff - benannter Verschiffungshafen" - FAS)

+ Kosten der Ausfuhrdokumente

+ Gebühren der Ausfuhrzollabfertigung

+ ggf. Ausfuhrabgaben

+ Mieten, Standgelder (z.B. Behälter, Container, Transportpaletten)

+ Lagergeld

+ Umschlagkosten gem. Umschlagsgebührentarif

+ Kosten Kai- und Hafenbetriebe

+ Kosten Seehafenspediteur

5. = Verkaufswert des Exportprodukts

(„frei an Bord... benannter Verschiffungshafen" - FOB)

+ Verschiffungsprovision gem. SST

+ Konnossementgebühren

+ Seefracht

6. = Verkaufswert des Exportprodukts

(„Kosten und Fracht ... benannter Bestimmungshafen" - C&F)

+ Seeversicherung

7. Verkaufswert des Exportprodukts

(„Kosten, Versicherung, Fracht ... benannter Bestimmungshafen" - CIF)

+ Kosten der Zahlungsabwicklung

+ Kosten der Forderungsabsicherung

+ ggf. Finanzierungskosten

8. = Angebotspreis des Exportprodukts (abhängig von der Lieferbedingung)*

*das Kalkulationsschema ist ggf. für das Überseegeschäft um weitere Kostenpositionen zu verlängern, falls die Lieferbedingungen „Ab Schiff", „Ab Kai (verzollt bzw. unverzollt) vereinbart worden sind.

Quelle: In Anlehnung an Berndt, Ralph/ Altobelli, Claudia Fantapié/ Sander, Matthias: Internationales Marketing-Management, 3., überarbeitete u. erweiterte Auflage, 2005, S. 218.

Bei den konkurrenzorientierten Ansätzen wird das Konkurrenzverhalten, d.h. das Preisverhalten der Konkurrenten, zugrunde gelegt. Es gibt mehrere Handlungsalternativen: Entweder wird der Preis z.B. durch Orientierung am Durchschnittspreis bzw. am Preisführer an den Konkurrenzpreis angepasst, oder der Preis wird bewusst über- oder unterboten. Bei diesem Ansatz bleiben die Verhältnisse der Nachfrager unberücksichtigt.

Kosten- und konkurrenzorientierte Methoden reichen zur optimalen Bestimmung der Preishöhe nicht aus. Die kostenorientierte Methode dient hauptsächlich der Festlegung einer Preisuntergrenze und der konkurrenzorientierte Ansatz untersucht Wettbewerbspreise und -reaktionen. In beiden Fällen fehlt die Betrachtung der potenziellen Nachfrager. Es muss die Frage beantwortet werden, wie die Nachfrager auf den festgelegten Preis reagieren. Eine Antwort kann mit Hilfe der nachfragerorientierten Preisfindung gegeben werden. Dieser Ansatz beruht auf der Preis-Absatz-Funktion, d.h. es wird festgestellt, welche Menge bei welchem Preis absetzbar ist. Entsprechende mathematische Bestimmungen sind allerdings sehr komplex und kompliziert und dadurch sehr kostenintensiv.

Werden Preise für mehrere Ländermärkte bestimmt, ist eine internationale Preisdifferenzierung vorzunehmen. Da in verschiedenen Ländern oftmals unterschiedliche Rahmenbedingungen (z.B. Kaufkraft, Konkurrenzverhältnisse, Preisbereitschaft) vorgefunden werden, kann der Preis für dasselbe Produkt in allen avisierten Ländern unterschiedlich hoch ausfallen. Da Märkte durch das Internet immer transparenter werden, gehen unterschiedliche Preise meist mit einer Produktdifferenzierung einher, um die Preisdifferenzierung zu verschleiern.[138] Von besonderer Bedeutung im internationalen Kontext sind in diesem Zusammenhang Probleme mit Arbitragemöglichkeiten, die hauptsächlich bei der Strategie der internationalen Preisdifferenzierung auftreten können. Diese daraus resultierenden Möglichkeiten können bspw. für Reimporte genutzt werden. Eine Verringerung des Problems kann durch die Festlegung eines Preiskorridors, innerhalb dessen die Preise variieren können, erzielt werden.[139]

Die Konditionenpolitik regelt vertragliche Bedingungen, die über den reinen Kaufpreis hinausgehen. Dazu gehören u.a.:

- Lieferbedingungen,
- Zahlungsbedingungen,
- Kreditpolitik,

---

[138] Vgl. Berndt, Ralph/ Altobelli, Claudia Fantapié/ Sander, Matthias: Internationales Marketing-Management, 3., überarbeitete u. erweiterte Auflage, 2005, S. 216f.

[139] Vgl. Zentes/ Schramm-Klein/ Morschett, 2004, S. 16.

- Rabattpolitik und
- Ausgestaltung der Allgemeinen Geschäftsbedingungen.

Im internationalen Kontext gibt es in Bezug auf die Konditionenpolitik keine besonderen Aufgaben oder Inhalte. Oft ist die Konditionenpolitik Teil der Preisdifferenzierungsstrategie, um die tatsächliche Preishöhe zu verschleiern. Eine unterschiedliche Konditionenpolitik in den einzelnen Ländermärkten ist aber meist schon aufgrund der unterschiedlichen rechtlichen Gegebenheiten notwendig wie bspw. durch andere Rabattgesetze.[140]

Im Außenhandel, insbesondere beim Export, spielen die Lieferbedingungen eine zentrale Rolle. Zu den Lieferbedingungen gehören Lieferbereitschaft (Lieferfrist), Lieferzeit, -art, -ort und Lieferkosten sowie Umtausch- und Rücktrittsmöglichkeiten. International Commercial Terms (Incoterms)[141] regeln eindeutig die Lieferbedingungen beim Handel mit anderen Staaten (Abbildung 19).

---

[140] Vgl. Berndt, Ralph/ Altobelli, Claudia Fantapié/ Sander, Matthias: Internationales Marketing-Management, 3., überarbeitete u. erweiterte Auflage, 2005, S. 219.

[141] Incoterms sind Handelsklauseln, die im Jahre 1941 von der Handelskammer der USA und zwei anderen Handelsorganisationen entwickelt wurden. Eine neue Fassung wurde im Jahre 1990 verfasst. Die Klauseln gelten nicht automatisch und werden erst rechtlich bindend, sobald sie von Verkäufer und Käufer als Teil des Kaufvertrages akzeptiert werden. Vgl. Albaum, Gerald/ Strandskov, Jesper/ Duerr, Edwin: Internationales Marketing und Exportmanagement, 3. Auflage, 2001, S. 450f.

Abbildung 19: Incoterms

Incoterms 1990
EXW (ex work; ab Werk)
FCA (free carrier), benannter Ort
FAS* (free along side ship; frei Längsseite Schiff) FOB* (free on board, frei an Bord) CFR* (cost and freight; Kosten und Fracht)
CIF* (Cost, insurance freight; Kosten, Versicherung, Fracht)
CPT (carriage paid to; Transport bezahlt an)
CIP (carriage and insurance paid to; Transport und Versicherung bezahlt an)
DAF (deliveres at frontier; Anlieferung ab Grenze)
DES* (delivered ex ship; Anlieferung ab Schiff)
DEQ* (deliveres ex quay; Anlieferung ab Kai, Dock)
DDU (delivered duty unpaid; Anlieferung unverzollt)
DDP (delivered duty paid, Anlieferung verzollt)

* nur See- und Binnengewässertransporte

Quelle: In Anlehnung an Albaum, Gerald; Strandskov, Jesper; Duerr, Edwin: Internationales Marketing und Exportmanagement, 3. Auflage, 2001, S. 451.

Die Incoterms von 1990 bestehen aus 13 Klauseln, die mit einem Buchstabensystem abgekürzt werden.[142] Sie regeln die Verteilung der Kosten auf Verkäufer und Käufer, den Gefahrenübergang der Ware sowie weitere Rechte und Pflichten der Verkäufer und Käufer im Zusammenhang mit der Lieferung der Ware.

Die Art und Weise der Zahlung, Zahlungsziel und Währung wird in den Zahlungsbedingungen festgelegt.

Bei der Kreditpolitik steht die Exportfinanzierung im Mittelpunkt. Hier gibt es eine ganze Reihe von verschiedenen Möglichkeiten der Finanzierung. Staatliche Institutionen wie bspw. die Kreditanstalt für Wiederaufbau (KfW) beschäftigen sich mit Außenhandelsfinanzierungen.

In der Rabattpolitik wird festgelegt, welche Art von Rabatten beim Kauf gewährt werden, z.B. Barzahlungsrabatte, Mengenrabatte, Boni, Zeitrabatte (Saisonrabatte, Einführungs- und Auslaufrabatte) oder Treuerabatte.

Die Allgemeinen Geschäftsbedingungen legen schließlich die jeweiligen Lieferungs- und Zahlungsbedingungen vertraglich fest und müssen vom Käufer akzeptiert werden, damit sie Rechtsgültigkeit haben.

3.2.5.3. Internationale Kommunikationspolitik

Die internationale Kommunikationspolitik beschäftigt sich mit der Gestaltung der auf ausländische Absatzmärkte gerichteten Informationen eines Unternehmens. Sie dient der Verhaltenssteuerung bei aktuellen und potenziellen Käufern.[143] Ein Problem in der internationalen Kommunikationspolitik in Verbindung mit der Markteintrittsstrategie des Exports ist die Distanz und die nicht vorhandene Präsenz vor Ort. Eine

---

[142] Vgl. Weis, Hans Christian: Marketing, 13. Auflage, 2004, S. 310f.

[143] Vgl. Meffert, Heribert/ Bolz, Joachim: Internationales Marketing- Management, 3. überarbeitete und ergänzte Auflage, 1997, S. 189.

Folge kann die mangelnde Kundennähe sein, die die Kommunikation besonders mit den Endkunden erschwert.[144]

Bevor eine Kommunikationsplanung für einen ausländischen Markt durchgeführt werden kann, bedarf es einer Analyse der Situation auf dem zu bearbeitenden Ländermarkt. Bedeutend für die weitere Planung ist bspw. die Größe und Struktur des Auslandsmarktes, kulturelle und sprachliche Gegebenheiten sowie Art und Verfügbarkeit von Medien.

Anschließend werden die Kommunikationsziele und Zielgruppen auf Grundlage der Marketingziele formuliert. Die Kommunikationsziele bilden den Ausgangspunkt der internationalen strategischen Kommunikationsplanung und können für jedes Land bzw. intranational unterschiedlich sein. Die Ziele können unterteilt werden in psychographische und verhaltensorientierte Ziele. Beispiele für psychographische Kommunikationsziele können die Schaffung von Produktbekanntheit, die Änderung von Einstellungen und Image, die Bewirkung von Kaufabsicht bzw. -entscheidung oder eine Erzeugung von Wiederkaufabsicht sein. Zu den verhaltensorientierten Zielen gehören bspw. die Erzeugung oder der Ausbau von Produkt- bzw. Markenloyalität, eine Verbesserung der Platzierung am PoS oder eine stärkere Kooperationsbereitschaft des Handels. Verhaltensorientierte Ziele sind besser zur länderübergreifenden Standardisierung geeignet, während die psychographischen Ziele meist länderspezifisch formuliert werden sollten.[145]

Neben den Kommunikationszielen müssen weiterhin Zielgruppen bestimmt werden, die Empfänger der Botschaften sein sollen, bevor eine Kommunikationsstrategie entwickelt werden kann. Für die Zielgrup-

---

[144] Vgl. Zentes, Joachim/ Schramm-Klein, Hanna/ Morschett, Dirk: Außenhandel und internationales Marketing, in: Zentes, Joachim/ Morschett, Dirk/ Schramm-Klein, Hanna (Hrsg.): Außenhandel - Marketingstrategien und Managementkonzepte, 2004, S. 16.

[145] Vgl. Meffert, Heribert/ Bolz, Joachim: Internationales Marketing- Management, 3. überarbeitete und ergänzte Auflage, 1997, S. 189ff.

penbestimmung sind nur die Kriterien relevant, die zur Erklärung des Verbraucherverhaltens beitragen. Zielgruppen können unterschieden werden nach:[146]

- Soziodemographischen Merkmalen (z.B. Alter, Geschlecht, Einkommen, Beruf),
- psychographischen Merkmalen (z.B. Einstellungen, Werte, Motive),
- soziologischen Merkmalen (z.B. Gruppenmerkmale, -normen) und
- Konsumdaten (z.B. Einkaufsstättenwahl).

Nach der Festlegung von Zielen und Zielgruppen kann die Kommunikationsstrategie ausgearbeitet werden. Die Strategie beschreibt, welche Inhalte der Zielgruppe über welches Kommunikationsinstrument, d.h. über welchen Kommunikationskanal vermittelt werden sollen. Zu den Entscheidungen im Rahmen der Kommunikationsstrategie gehören nach Meffert, Burmann und Kirchgeorg die zeitliche Ausgestaltung, die Positionierung sowie die Kreativstrategie und der Einsatz der Kommunikationsinstrumente.[147] Es stehen mehrere Kommunikationsinstrumente zur Verfügung, darunter neben internationaler Werbung, Sponsoring und Online-Kommunikation auch Verkaufsförderung und Direktkommunikation.

Bei der internationalen Werbung werden zunächst Werbeträger ausgewählt. Dazu gehören die klassischen Werbeträger wie TV, Radio, Zeitungen, Zeitschriften oder Außenwerbung. Bei der Auswahl des Mediums sind verschiedene Kriterien zu berücksichtigen. Die Verfügbarkeit des Werbeträgers im jeweiligen Landesmarkt spielt eine große Rolle.

---

[146] Vgl. Unger, Fritz/ Durante, Nadia-Vittoria/ Gabrys, Enrico/ Koch, Rüdiger/ Wailersbacher, Rainer: Mediaplanung, Methodische Grundlagen und praktische Anwendungen, 4. aktualisierte Auflage, 2002, S. 30f.

[147] Vgl. Meffert, Heribert/ Burmann, Christoph/ Kirchgeorg, Manfred: Marketing, Grundlagen marktorientierter Unternehmensführung, Konzepte – Instrumente – Praxisbeispiele, 2008, S. 637.

Ebenso bedeutend für die Entscheidung ist die Antwort auf die Frage, wie die Zielgruppen mit dem Medium erreicht werden können (Mediennutzungsverhalten). Darüber hinaus sind die Kosten entscheidend, die Darstellungsmöglichkeiten (z.B. TV: Bild, Farbe, Ton und Bewegung), das Image des Werbeträgers, die Häufigkeit der Belegung des Mediums sowie die Situation, in der die Zielgruppe die Werbebotschaft erreicht. Da die Werbemöglichkeiten in den meisten Ländern sehr unterschiedlich sind, erscheint bei der Bearbeitung mehrerer Ländermärkte eine Differenzierungsstrategie sinnvoll. Bei der zu vermittelnden Werbebotschaft müssen v.a. fremde Kulturen berücksichtigt werden.

Verkaufsförderung ist der Einsatz von Maßnahmen am PoS, die den Abverkauf von Produkten unterstützen und steigern sollen. Die Verkaufsförderungsmaßnahmen können sich an verschiedene Zielgruppen richten, an den Handel, die Endverbraucher oder die Verkaufsmitarbeiter (Abbildung 20). Die Verkaufsförderungsmaßnahmen sind oftmals mit hohen Kosten verbunden, dafür aber kurzfristig und flexibel für aktuelle Anlässe einsetzbar. Die Bedeutung und Durchführbarkeit variiert von Land zu Land. Entscheidend dafür sind die jeweils existierenden nationalen Strukturen des Handels (Kooperationsbereitschaft), wettbewerbsrechtliche Bestimmungen sowie die Akzeptanz der Maßnahmen bei den Endverbrauchern. Eine Standardisierung ist schwierig und selten durchsetzbar.[148]

---

[148] Vgl. Meffert, Heribert/ Bolz, Joachim: Internationales Marketing- Management, 3. überarbeitete und ergänzte Auflage, 1997, S. 208; vgl. Bruns, Jürgen: Internationales Marketing, 3. Auflage, 2003, S. 316.

Abbildung 20: Zielgruppengerichtete Verkaufsförderungsmaßnahmen

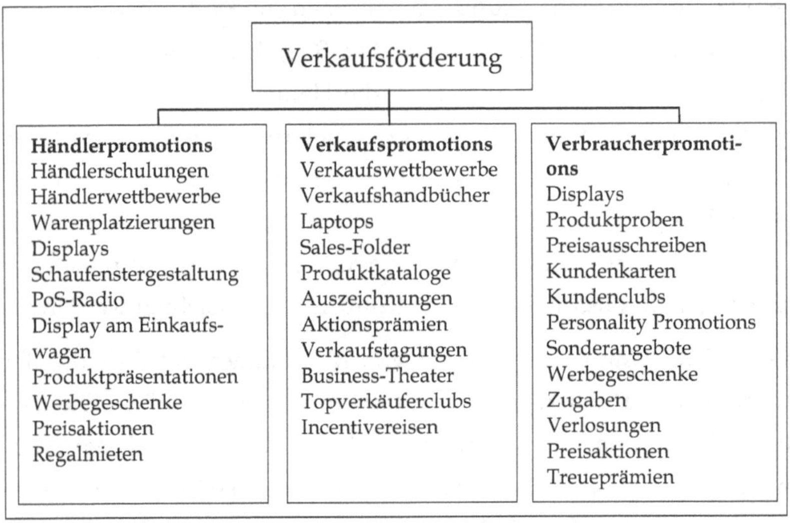

Quelle: In Anlehnung an Bruns, Jürgen: Internationales Marketing. 3. Auflage, 2003, S. 315.

Von Sponsoring kann gesprochen werden, wenn ein Unternehmen (Sponsor) finanzielle oder sonstige Unterstützung durch Ressourceneinsatz an eine Person, eine Gruppe oder eine Institution leistet.[149] Beim Sponsoring kann es sich z.B. um ein Sportsponsoring handeln, möglich wäre aber auch ein Sponsoring sozialer Einrichtungen oder ein Kultursponsoring (Ausstellungen, Museen, Konzerte oder Tourneen). Im Rahmen des internationalen Sponsorings kann erneut die Frage nach einer Standardisierungs- oder einer Differenzierungsstrategie aufgeworfen werden. Wenn ein Verein oder ein einzelner Sportler gesponsert werden oder es sich dabei um eine Sportart bzw. ein Sportereignis handelt, über welches eine internationale Berichterstattung in den Medien stattfindet (z.B. die Fußballweltmeisterschaft), handelt es sich um eine

[149] Vgl. Meffert, Heribert/ Bolz, Joachim: Internationales Marketing- Management, 3. überarbeitete und ergänzte Auflage, 1997, S. 214.

Standardisierung. Voraussetzung dafür ist allerdings ein identischer Markenname sowie international gleiche Botschaften. Findet das Sponsoring in einem einzelnen Ländermarkt statt, kann von einer Differenzierung gesprochen werden.

Zur Direktkommunikation zählen alle Maßnahmen, die der Aufnahme oder der Aufrechterhaltung einer Beziehung in einer direkten und personalisierten Art und Weise mit potenziellen oder bestehenden Kunden dienen. Es besteht die Möglichkeit der Kommunikation mit der Zielperson über ein Massenmedium mit Responseelement (z.B. Coupon oder Postkarte auf einer Anzeige), über ein Direktwerbemedium (z.B. Brief, Direct Mailing, Fax oder E-Mail) oder über ein Kundenbindungsprogramm (Kundenclub, -karte). Mit diesem Kommunikationsinstrument kann die Wiederkaufabsicht bzw. Loyalität verstärkt werden und das Unternehmen hat die Möglichkeit, viele Informationen über den Kunden zu sammeln.[150]

Unter Online-Kommunikation werden alle kommunikativen Aktivitäten verstanden die zwischen Sender und Empfänger über das World Wide Web (WWW) stattfinden. Die Möglichkeiten der Werbung im Internet sind vielseitig und bieten noch viel Potenzial.[151] Die Instrumente beim Online-Marketing reichen vom E-Mail-Newsletter über Bannerwerbung (u.a. Pop-Ups), die Schaltung einer Unternehmenshomepage bis hin zu Suchmaschinenmarketing. Die Online-Kommunikation wird nicht nur aufgrund der vielfältigen Werbemöglichkeiten in Zukunft für die werbetreibenden Unternehmen von Bedeutung sein, auch der technische Fortschritt ist entscheidend. Diese Form der Kommunikation ist gekennzeichnet durch ihren „mobilen Charakter", der zunehmend inte-

---

150 Vgl. Meffert, Heribert/ Burmann, Christoph/ Kirchgeorg, Manfred: Marketing, Grundlagen marktorientierter Unternehmensführung, Konzepte - Instrumente - Praxisbeispiele, 2008, S. 670.

151 Vgl. www.wuv.de/news/medien/meldungen/2008/07/101450/index.php, abgerufen am 06.08.08.

ressant wird. Die Inhalte des Internets können vermehrt über mobile Geräte wie Handys, Notebooks etc. abgerufen werden. Dadurch ist eine individuellere und damit wirkungsvollere Kommunikation möglich. Online-Kommunikation dient der Profilierung gegenüber dem Wettbewerb und kann zeitlich sehr flexibel eingesetzt werden. Je nach Ländermarkt ist der Einsatz dieses Kommunikationsinstruments sehr wirkungsstark oder wird kaum wahrgenommen. Das Internet ist generell ein grenzüberschreitendes Medium, d.h. eine Differenzierung ist schwierig. Es gibt einige Hilfsmittel, mit denen versucht wird, die Werbung länderspezifisch zu individualisieren. Bei der Domain „de" wird die Ausrichtung auf den deutschen Markt deutlich. Die Darstellung der Werbung in einer bestimmten Sprache bzw. in einer bestimmten Währung macht die Länderspezifikation deutlich.[152]

Bezüglich der zeitlichen Gestaltung der Kommunikationsaktivitäten kann ein Einsatz einmalig, punktuell bspw. auf ein Ereignis oder Datum bezogen, pulsierend oder kontinuierlich stattfinden.

Die Positionierung steht im Mittelpunkt der Kommunikationsstrategie. Die Botschaften sollten der Zielgruppe über die ausgewählten Kommunikationsinstrumente die angestrebte Positionierung unverwechselbar und eindeutig vermitteln und damit dem Unternehmen einen Wettbewerbsvorteil verschaffen.

Die Kreativstrategie als Bestandteil der Kommunikationsstrategie legt die Gestaltung, d.h. Inhalt und Form der Botschaften fest, so dass die Positionierung möglichst wirkungsvoll der Zielgruppe übermittelt wird.

---

[152] Vgl. Meffert, Heribert/ Burmann, Christoph/ Kirchgeorg, Manfred: Marketing, Grundlagen marktorientierter Unternehmensführung, Konzepte – Instrumente – Praxisbeispiele, 2008, S. 662ff; vgl. Bruns, Jürgen: Internationales Marketing, 3. Auflage, 2003, S. 313f.

Die Möglichkeiten der Werbeerfolgskontrolle auf internationaler Ebene sind davon abhängig, ob die Werbung global in mehreren Ländermärkten oder lokal in einem Ländermarkt eingesetzt wurde. Bei einer globalen Strategie erfolgt die Kontrolle meist nur im Heimatland und die Ergebnisse werden auf die Ländermärkte übertragen. Bei einer lokalen Strategie ist die Erfolgskontrolle von der Höhe des Werbebudgets abhängig (Frage der Verhältnismäßigkeit) und von den Möglichkeiten im bearbeiteten Ländermarkt (Infrastruktur).[153] Bei der globalen Strategie bleibt die Frage offen, in wie weit die Ergebnisse aus dem Heimatmarkt in fremde Märkte übertragen werden können.

3.2.5.4. Internationale Distributionspolitik

Alle Entscheidungen, die im Zusammenhang mit dem Weg eines Produktes zum Endverbraucher stehen, gehören zur Distributionspolitik. Dazu zählt sowohl die Wahl des Absatzkanals als auch die physische Distribution (Logistik) der Produkte.[154] Im Folgenden wird lediglich die Wahl des Absatzkanals im Auslandsmarkt betrachtet. Ein Teil der physischen Distribution wurde bereits mit den Markteintrittsstrategien in Kapitel 3.2.4. abgehandelt.

Charakteristisch für die Distributionspolitik ist die Tatsache, dass Entscheidungen in diesem Bereich oft langfristig bindend sind und Fehlentscheidungen, die zu schwerwiegenden Folgen führen können, nur schwer rückgängig gemacht werden können. Gelingt es einem Unternehmen eine effiziente Distributionspolitik einzusetzen, kann dies strategische Wettbewerbsvorteile haben, die oftmals länger anhalten als Produktionskostenvorteile.

---

[153] Vgl. Bruns, Jürgen: Internationales Marketing, 3. Auflage, 2003, S. 311.

[154] Vgl. Meffert, Heribert/ Bolz, Joachim: Internationales Marketing- Management, 3. überarbeitete und ergänzte Auflage, 1997, S. 221.

In der Distributionspolitik müssen spezielle distributionspolitische Ziele definiert werden. Diese können z.B. die Kooperationsbereitschaft betreffen, den Distributionsgrad, die Vertriebskosten oder die Beeinflussbarkeit und Kontrollierbarkeit des Absatzkanals.

Bei der Gestaltung der Absatzwege wird zwischen einer vertikalen (Tiefendimension) und einer horizontalen (Breitendimension) Absatzkanalstruktur unterschieden. Die vertikale Absatzkanalstruktur entscheidet über die Art und Anzahl der Handelsstufen auf dem Weg vom Produzenten über den Importeur zum Endverbraucher. Je mehr Absatzmittler zwischengeschaltet werden, desto länger wird der Absatzkanal. Abbildung 21 zeigt alternative Absatzwege im Rahmen des internationalen Exports auf.

Abbildung 21: Vertikale Absatzkanalstruktur

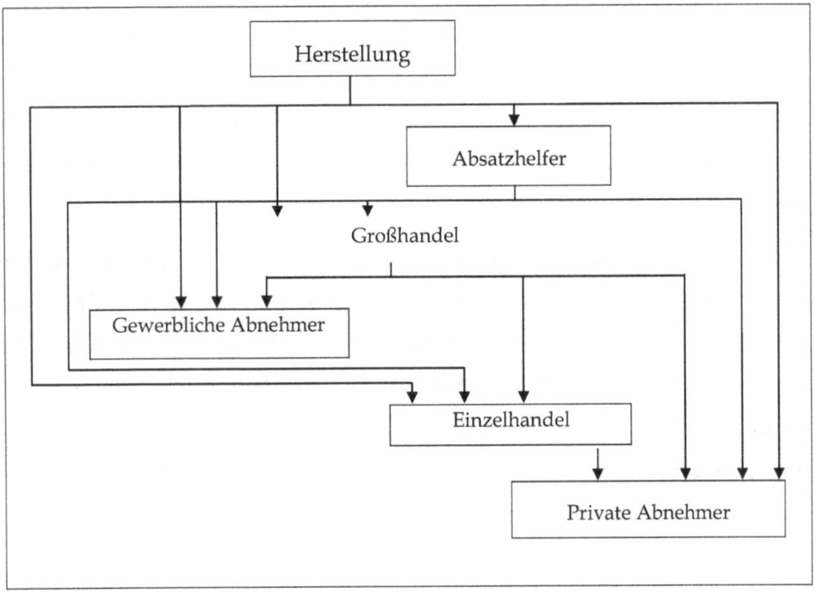

Quelle: In Anlehnung an Pepels, Werner: Vertriebsmanagement in Theorie und Praxis, 2006, S. 18.

Im nächsten Schritt wird die horizontale Absatzkanalstruktur festgelegt. Diese befasst sich mit der Auswahl der Absatzmittler innerhalb der einzelnen Absatzstufen. Die Entscheidung erfolgt in mehreren Schritten. Zunächst wird die Breite des Absatzkanals festgelegt, d.h. die Anzahl der eingeschalteten Absatzmittler je Absatzstufe (Abbildung 22).

Abbildung 22: Horizontale Absatzkanalstruktur

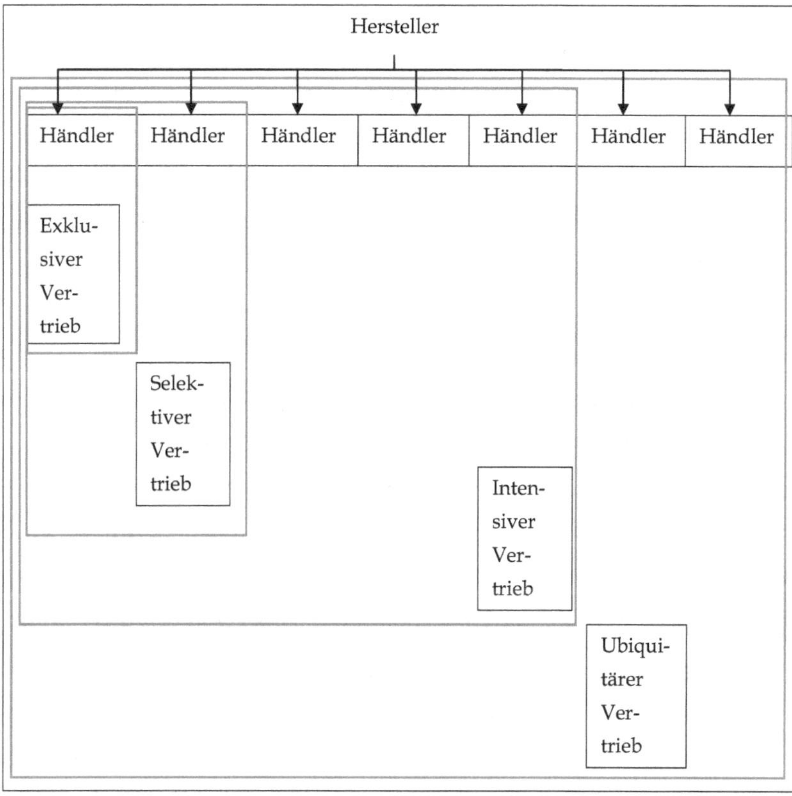

Quelle: In Anlehnung an Pepels, Werner: Vertriebsmanagement in Theorie und Praxis, 2006, S. 9.

Bei der Entscheidung über die Distributionsintensität (Distributionsgrad) werden in der Literatur vier verschiedene Distributionsstrategien unterschieden:[155]

[155] Vgl. Pepels, Werner: Vertriebsmanagement in Theorie und Praxis, 2006, S. 8ff.

- Ubiquitärer Vertrieb,
- intensiver Vertrieb,
- selektiver Vertrieb und
- exklusiver Vertrieb.

Ein ubiquitärer Vertrieb bedeutet, dass alle in Frage kommenden Absatzmittler in den Absatzkanal integriert werden. Dies beinhaltet einen hohen Aufwand, schwierige Kontrollierbarkeit und geringe Beeinflussungsmöglichkeiten der einzelnen Händler. Vorteilhaft ist, dass die Produkte tatsächlich überall erhältlich sind, was sich wiederum positiv auf den Umsatz auswirken kann. Darüber hinaus besteht eine weitgehende Unabhängigkeit von einzelnen Absatzmittlern.

Beim intensiven Vertrieb werden möglichst viele Absatzmittler in den Absatzkanal einbezogen. Damit wird gewährleistet, dass die Produkte fast überall erhältlich sind. Dies kann als ein Kompromiss zwischen Aufwand und Nutzen gesehen werden. Der Markt wird gut ausgeschöpft. Der Marketingaufwand für den Erhalt und den Aufbau eines intensiven Distributionsgrades ist jedoch sehr hoch.

Beim selektiven Vertrieb werden nur ausgewählte Absatzmittler in den Absatzkanal integriert. Folglich sind die Produkte zwar nicht überall erhältlich, aber die Absatzmittler weisen oftmals eine sehr homogene Struktur auf. Neue Konzepte können schneller und leichter im Markt umgesetzt werden. Die nicht überall erhältlichen Produkte können zu geringeren Umsätzen führen. Fällt ein Absatzmittler aus, ist die Möglichkeit diesen zu ersetzen begrenzt, da nicht ohne Weiteres neue Händler in das Vertriebssystem aufgenommen werden können.

Beim exklusiven Vertrieb haben die eingeschalteten Händler quasi eine Monopolstellung. Unter wettbewerbspolitischen Gesichtspunkten ist dies nur in Ausnahmefällen erstrebenswert. Die Absatzmittler sind eng an die Hersteller gebunden und pflegen eine gute Beziehung, um auch auf Dauer zum Kreise der ausgewählten Händler zu gehören. Die Hersteller können im Gegenzug eine hohe Einsatzbereitschaft und Leistungsfähigkeit bei den Absatzmittlern durchsetzen. Als Hersteller begibt man sich allerdings in eine außerordentlich große Abhängigkeit zu einigen wenigen Absatzmittlern. Der exklusive Vertrieb ist nur bei Produkten einsetzbar, bei denen die Erhältlichkeit keine entscheidende Rolle spielt.

Nach Bestimmung der Breite des Absatzkanals wird dessen Tiefe festgelegt, die Art der Absatzmittler und Anzahl der Stufen.[156] Abhängig von der Anzahl der Absatzmittler, die zwischen Hersteller und Endverbraucher geschaltet werden, spricht man vom direkten oder indirekten Vertrieb. Da die Distribution eng mit den Markteintrittsstrategien verknüpft ist, wird an dieser Stelle nicht näher auf direkten und indirekten Absatz eingegangen.

---

[156] Vgl. Meffert, Heribert/ Bolz, Joachim: Internationales Marketing- Management, 3. überarbeitete und ergänzte Auflage, 1997, S. 224.

4. Strategische Analyse des Absatzes von deutschem Wein in die USA

4.1. *Umweltanalyse für den amerikanischen Weinmarkt*

4.1.1. Globale Umwelt

Im Folgenden sollen die bisher gewonnenen theoretischen Erkenntnisse, von der strategischen Vorgehensweise der Marktauswahl bis zur Marktbearbeitung, an einem praktischen Beispiel angewendet und veranschaulicht werden. Als Beispiel wurde der Absatz von deutschem Wein in den US-Weinmarkt gewählt.

Zur globalen Umwelt gehören, wie in Kapitel 3.2.2.1. beschrieben, Faktoren, die für die allgemeine Situation einer Volkswirtschaft charakteristisch sind. Für die USA lassen sich zahlreiche dieser Faktoren, die der Makroumwelt zugeordnet werden können und Einfluss auf das Verhalten der Wettbewerber haben, ausmachen.

Zu den geographischen Gegebenheiten der USA lässt sich zunächst feststellen, dass das Land sich auf einer Gesamtfläche von 9.826.630 Quadratkilometer (km^2) ausdehnt und damit flächenmäßig der drittgrößte Staat der Erde ist. Bei einer Einwohnerzahl von 301.621.157[157] in 2007 entspricht dies einer Bevölkerungsdichte von ca. 31 Einwohnern pro km^2. Im gesamten Bundesgebiet der USA wird die Amtssprache Englisch gesprochen. Dies hat auf die eingesetzten Marketinginstrumente Einfluss, da bei einer Einheitssprache alle Maßnahmen in einer einheitlichen Form für das gesamte Gebiet der USA standardisiert geplant und durchgeführt werden können.

---

[157] Vgl. http://factfinder.census.gov/servlet/SAFFPopulation?_submenuId=-population_0&_sse=on, abgerufen am 14.08.08.

Ein weiterer Einflussfaktor auf die Weinwirtschaft sind die klimatischen Bedingungen. Die Klimaerwärmung in den USA kann dazu führen, dass der Weinanbau auf weitere Bundesstaaten ausgeweitet werden kann. Für Kalifornien können sich die Bedingungen durch die Erwärmung verschlechtern. Für die Herstellung des deutschen Weines sind hingegen die sich ändernden Bedingungen in Deutschland interessant. So meint bspw. der fränkische Winzer, Rainer Sauer, dass der deutsche Wein von Jahr zu Jahr immer besser werde.[158] Diese Tatsache wird durch den Klimawandel beschleunigt und kann als große Chance für deutsche Weine gesehen werden.

Ökonomische Faktoren, die für den Weinkonsum von Belangen sein können, sind z.B. die Zahl der Arbeitslosen und das Einkommen der Bevölkerung. Die Arbeitslosenquote in den USA lag im Jahr 2006 bei durchschnittlich 6,4%.[159] Das Jahresbruttoeinkommen eines amerikanischen Haushalts lag in 2006 im Durchschnitt bei etwa 48.451 USD. Knapp 18% aller Haushalte liegen über einem Einkommen von 100.000 USD, etwa 14% der Haushalte haben ein Einkommen unter 15.000 USD.[160] Bedeutenden Einfluss auf das Einkommen haben in den USA v.a. die beiden Faktoren Bildung und Abstammung. Weiße und Asiaten können deutlich höhere Bruttoeinkommen verzeichnen als Lateinamerikaner und Schwarze. Das Haushaltseinkommen kann Einfluss auf den Weinkonsum in einem Land haben. In der *Neuen Welt* gilt der Konsum von Wein als ein Statussymbol und Luxusgut. Der Wine Market Council äußerte sich im Rahmen der "3rd wine business research conference"

---

[158] Vgl. Bläske, Gerhard/ Schnitzler, Lothar: Hauch von Coca-Cola, in: Wirtschaftswoche, Nr. 45, 05.11.2007, S. 106.

[159] Vgl. http://factfinder.census.gov/servlet/STTable?_bm=y&-geo_id=01000US&-qr_name=ACS_2006_EST_G00_S2301&-ds_name=ACS_2006_EST_G00_&-redoLog=false, abgerufen am 14.08.08.

[160] Vgl. http://factfinder.census.gov/servlet/STTable?_bm=y&-geo_id=01000US&-qr_name=ACS_2006_EST_G00_S1901&-ds_name=ACS_2006_EST_G00_, abgerufen am 14.08.2008.

2006 in Montpellier folgendermaßen zu dieser Situation: „With the rise in per capita income in the U.S., the demand for higher food and beverages is expected to rise in the coming years."[161] Wein wird in den USA vornehmlich von solchen Personen getrunken, die beruflich erfolgreich sind und einen gefestigten sozialen Stand in der Gesellschaft haben. Je mehr Menschen zukünftig dieser Gruppe angehören, desto höher ist das Absatzpotenzial von Wein.

Ein sehr wichtiger wirtschaftlicher Aspekt, der die Exporttätigkeit beeinflusst, sind Währungen und deren Umrechnungskurse. In den USA gilt eine einheitliche Währung, der USD. Seit einiger Zeit ist der Kurs des US-Dollars relativ zum EUR vergleichsweise schwach. Dies hat bedeutende Auswirkungen auf den Export in die USA.[162] Das Risiko der deutschen Winzer, beim Weinexport in die USA Gewinneinbußen hinnehmen zu müssen, ist enorm gestiegen. Besonders kleinere Winzer können die Folgen von Währungsschwankungen in große finanzielle Schwierigkeiten bringen. Importeure haben Preiserhöhungen um ca. 20% angekündigt.[163] Werden die Mehrkosten durch höhere Verkaufspreise an den Endverbraucher weiter gegeben drohen Kundenabwanderungen.

Es gibt in den USA einige kulturelle und soziale Faktoren, die erheblichen Einfluss auf die amerikanische Weinbranche haben. Die jeweilige Religion spielt eine große Rolle bei der Entscheidung, ob Wein konsumiert wird oder nicht. So verbietet der Islam bspw. generell das Trinken von alkoholischen Getränken. Im Christentum gestaltet sich dies an-

---

[161] Vgl. Hussain, Mahmood/ Castaldi, Richard/ Cholette, Susan: Determinants of wine Consumption of U.S. Consumers - An Econometric Analysis, 3nd International Wine Business Research Conference, 06.07.-08.07.2006, S. 1.

[162] Vgl. Afhüppe, Sven/ Riecke, Torsten: Angst vor dem Absturz, in: Handelsblatt, Nr. 16, 23.01.2008, S. 6.

[163] Vgl. www.wine-businessinternational.com/Market_Watch_How_to_break_into_the_US_market.html, abgerufen am 09.08.08.

ders. Die Verwandlung von Wasser in Wein galt als ein Wunder. Wein spielt im Christentum demnach eine ganz andere Rolle, wie auch im Judentum. Streng gläubige Juden legen allerdings Wert auf koscheren Wein.[164] In den USA lebten 2005 mehr als 167 Mio. Christen (Protestanten und Katholiken), sechs Mio. Juden und etwa sechs Mio. Anhänger des Islams.[165] Die Mehrheit der Amerikaner sind Christen und daher potenzielle Weinkonsumenten. Derzeit ist in einigen Industrieländern der Trend zu einem gesünderen Lebensstil erkennbar. In den USA hat sich dieser Trend ebenfalls durchgesetzt, der für den Wein zum Vorteil genutzt werden kann.

Des Weiteren ist der demographische Wandel ein sozialer Faktor, der für die Weinwirtschaft von Relevanz ist. Während die europäische Bevölkerung schrumpft, steigen die Bevölkerungszahlen in den USA. Das U.S. Census Bureau prognostiziert für 2050 einen Bevölkerungszuwachs in den USA von fast 40% (439.010.000 Einwohner).[166] Diese Entwicklung kann eine drastische Verschiebung der zukünftigen globalen Absatzmärkte für Weine bedeuten.

Den politisch-rechtlichen Faktoren ist die Tatsache zuzuordnen, dass jeder Bundesstaat in den Vereinigten Staaten eine unterschiedliche Gesetzgebung bzgl. des Umgangs mit Alkohol hat. Hall bezeichnet diesen Zustand als einen „patchwork quilt of state and local regulations."[167].

---

[164] Koscherer Wein unterscheidet sich von „normalem" Wein dadurch, dass Trauben erst ab dem vierten Jahr zu Wein verarbeitet werden dürfen, alle Geräte die zur Ernte und Verarbeitung der Trauben genutzt werden, nur unter Aufsicht von Rabbinern gesäubert werden dürfen und Flaschen nicht mehrmals gefüllt werden dürfen. Dies sind nur einige von vielen Vorschriften, die koscheren Wein von „normalem" Wein unterscheidet.

[165] Vgl. http://usa.usembassy.de/gesellschaft-religion.htm, abgerufen am 23.07.08.

[166] Vgl. www.census.gov/population/www/projections/summarytables.html, abgerufen am 31.08.08.

[167] Vgl. Hall, Michael, C. / Mitchell, Richard: Wine Marketing - A practical Guide, 2008, p. 68.

Alkoholische Getränke dürfen in einigen Bundesstaaten nur in staatlichen oder staatlich anerkannten Verkaufsstellen geführt werden. In diesen Staaten ist eine Einfuhr alkoholischer Getränke nur über die jeweiligen staatlichen Alkoholverwaltungen zulässig. Für den Weinabsatz in die USA bedeutet diese unterschiedliche Handhabung einen enormen Arbeitsmehraufwand. Darüber hinaus müssen für die Einfuhr von Wein in die USA Zölle und Steuern (z.B. Bundes-/ Verbrauchssteuer) entrichtet werden. Diese sind mitunter vom Alkoholgehalt abhängig. Zusätzlich gibt es eine Reihe von Einfuhrbestimmungen für die USA, es wird bspw. eine „Import Liquor Licence" benötigt. Daher kann die Weineinfuhr nur über einen Importeur erfolgen, der über die entsprechende Lizenz verfügt. Darüber hinaus wird von einem kleinen Absatz an Privatpersonen abgeraten, da der US-Zoll bei jedem Versand an Privatpersonen entscheiden muss, ob der Wein tatsächlich zu privaten Zwecken eingeführt wird oder nicht. Diese Entscheidung kann von Fall zu Fall variieren. In einigen Bundesstaaten ist die Versendung von alkoholischen Getränken an Privatpersonen ohne eine Einfuhrgenehmigung nur in geringen Mengen erlaubt oder sogar grundsätzlich verboten. Es gelten weitere Regelungen zu Etikettierung, geographischen Herkunftsangaben, Alkoholgehalt, Gesundheits- und Konsumenteninformationen, die vom exportierenden Unternehmen beachtet werden müssen.[168] Dies erfordert eine hohe logistische Leistung, zusätzlichen Arbeitsaufwand und führt zu höheren Kosten (Abbildung 24).

4.1.2. Aufgaben- und Unternehmensumwelt

4.1.2.1. Verhandlungsstärke der Lieferanten

Bevor auf die Verhandlungsstärke der Lieferanten näher eingegangen werden kann, sollte geklärt werden, welcher Branche die Lieferanten

---

[168] Vgl. IHK: Weinversand in Ausland (Amerika), Zur Verfügung gestelltes Material des Deutschen Weininstitut GmbH, 2007, S. 1.

angehören und wer ihre Abnehmer sind. Bei den Abnehmern können zwei Gruppen unterschieden werden: Kellereien und Winzer bzw. Weinbauern. Eine Kellerei ist ein Verarbeitungs- und Abfüllbetrieb, der Trauben, Moste oder Grundweine kauft, um sie zu vermarktungsfähigen Weinen weiterzuverarbeiten und abzufüllen.[169] Ein Winzer ist eine Person, die als Besitzer eines Weingutes Weinreben kultiviert und deren Früchte von ihr selbst oder von Dritten zu Wein verarbeitet werden. Ein Winzer, der seine Weine selbst keltert, abfüllt und vermarktet, ist ein Erzeuger.[170] Nach diesen Erläuterungen können die Lieferanten von Kellereien und Winzern bzw. Weinbauern bestimmt werden. Lieferanten von Kellereien sind Winzer/ Weinbauern, die die Trauben nach der Ernte nicht selbst weiter verarbeiten oder nur grundlegende Verarbeitungsschritte vornehmen. Auf diese Lieferanten wird nachfolgend noch eingegangen. Lieferanten von Winzern/ Weinbauern sind Unternehmen, die Produkte zur Kultivierung von Weinreben verkaufen (z.B. Weinreben, Düngemittel, Heftdrähte etc.). Diese Lieferanten werden im Folgenden nicht näher betrachtet. Nicht nur für die Kellereien spielen die Lieferanten eine große Rolle, sondern auch für Weingüter, die Weine für den Massenmarkt produzieren und zusätzlich zu den eigenen Erzeugnissen Weinreben, Trauben oder Traubensaft von Dritten beziehen. Für die Hersteller deutscher Weine gehören die Lieferanten in aller Regel nicht zum amerikanischen, sondern zum deutschen Weinmarkt, da es um die Lieferung von deutschen Trauben bzw. der Herstellung von deutschem Wein geht. Die Lieferanten von deutschen Trauben bzw. Most stehen einem Oligopol an Abnehmern gegenüber, da die meisten Winzer eher Kleinbetriebe sind und ihre Trauben selbst weiterverarbeiten (siehe Kapitel 2.2.1.2). Dies verringert ihre Marktmacht, da der Wechsel zu einem anderen Abnehmer schwierig ist und Abhängig-

[169] Vgl. F.A. Brockhaus, Mannheim (Hrsg.): Der Brockhaus Wein, 2005, S. 242.
[170] Vgl. F.A. Brockhaus, Mannheim (Hrsg.): Der Brockhaus Wein, 2005, S. 497.

keiten bestehen. Ein Wechsel des Lieferanten ist auch für die Abnehmer nicht unproblematisch, da Qualität und Geschmacksrichtung der Trauben eine wichtige Rolle spielen, um über längere Zeiträume eine gleichbleibende Qualität und geschmackliche Ausprägung für die eigenen Kunden zu gewährleisten. Diese Tatsache wiederum stärkt die Verhandlungsposition der Lieferanten. Je besser die Qualität der gelieferten Trauben und deren Beständigkeit[171] ist, desto stärker ist die Verhandlungsposition. Aufgrund der mangelnden Substituierbarkeit von Weintrauben haben die Traubenlieferanten insgesamt eine gute Wettbewerbsposition. Die Lieferanten sind zudem nicht nur auf die Weinerzeuger angewiesen; sie können ihre Trauben auch an die Fruchtsaftindustrie weiterverkaufen.

Die Verhandlungsstärke der Lieferanten von deutschen Trauben ist insgesamt betrachtet mäßig. Ein Oligopol an Abnehmern steht einer durch gute Qualität und mangelnde Substituierbarkeit gestärkten Anzahl an Lieferanten gegenüber.

4.1.2.2. Verhandlungsstärke der Abnehmer

Die nachgelagerte Wertschöpfungskette der Weinerzeugung ist der Weinabsatz. Zu den Kunden bzw. Abnehmern auf dem amerikanischen Markt gehören sog. On-Trade-Unternehmen (z.B. Restaurants, Bars, Clubs) sowie spezielle Weinfachhändler, Supermärkte und Verbrauchergroßmärkte („hypermarkets"). On-Trade-Unternehmen machen etwa 44,8% des gesamten Marktes aus. Spezielle Weinfachhändler haben einen Anteil von 14,1%, Supermärkte und Verbrauchergroßmärkte etwa 26,8%. Ein Rest von (14,3%) entfällt auf sonstige Abnehmer (z.B. Privatpersonen). Der Direktvertrieb an die Konsumenten spielt somit in Amerika grundsätzlich eine eher untergeordnete, wenn auch nicht zu

---

[171] Mit der Beständigkeit wird eine gleichbleibende Qualität der Trauben über mehrere Jahre hinweg verbunden.

vernachlässigende Rolle.[172] Aufgrund der Einfuhrbedingungen, welche im späteren Verlauf noch genauer betrachtet werden, ist der klassische Direktverkauf an den Endkunden für deutsche Anbieter nur erheblich eingeschränkt und somit zu vernachlässigen. Die Abnehmer im Allgemeinen zeichnen sich durch eine große Unabhängigkeit aus. Das umfassende Angebot verschiedenster Weine auf dem US-Weinmarkt bietet den Abnehmern gute Möglichkeiten, den Weinanbieter zu wechseln, und seine Produkte durch andere Weine zu ersetzen. Eine hohe Preissensibilität auf Seiten der Abnehmer beschränkt die Möglichkeiten der Weinanbieter, die Preise beliebig anzuheben, und erhöht die Wahrscheinlichkeit eines Anbieterwechsels, was ebenfalls die Position der Abnehmer stärkt.

Es gibt jedoch Sachverhalte, die sich negativ auf die Verhandlungsmacht der Abnehmerseite auswirken. Weinanbieter differenzieren ihre Weine, um die Möglichkeiten der Abnehmer, die Weine durch andere zu substituieren, zu erschweren. Die Anbieter können dabei nach Qualitätsstufen, Rebsorten, Lagen, Jahrgängen und Geschmacksrichtungen differenzieren. Bei Weinen im Premium-Segment ist die Verhandlungsstärke der Abnehmer geringer, bei Weinen im Basis-Segment größer.

Insgesamt werden die Stärken der Abnehmer in den Verhandlungen durch die Schwächen aufgewogen und es ergibt sich eine mittlere Verhandlungsstärke.

4.1.2.3. Gefahr durch Substitutionsprodukte

Als Ersatzprodukte bzw. Substitutionsprodukte gelten neben anderen Weinen (Regionen, Länder etc.), auch andere alkoholische Getränke, wie Spirituosen oder Bier. Hier kann vermutet werden, dass es sich nur um eine Substituierbarkeit in abgeschwächter Form handelt, wie es

---

[172] Vgl. Datamonitor (Hrsg.): Wine in the United States, Industry Profile, November 2007, p. 27.

Wöhe in der Literatur für Tee und Kaffee beschreibt.[173] Bier wäre eine preiswertere Alternative, Spirituosen sind meist teurer. Eine stärkere Substituierbarkeit für den deutschen Wein auf dem inländischen sowie auf ausländischen und dem amerikanischen Weinmarkt stellen die jeweils angebotenen Weine aus anderen weinerzeugenden Ländern (z.B. Italien, Australien, Südafrika) bzw. der national produzierte Wein dar. Für den Riesling, „den typisch deutschen Wein", ist aufgrund der besonderen klimatischen Anbaubedingungen in Deutschland sowie der geringen weltweiten Verbreitung die Substituierbarkeit grundsätzlich eingeschränkt. Die Substituierbarkeit verringert sich weiter, wenn die Qualitätsstufe des Rieslings entsprechend hoch ist.

Die Substituierbarkeit hat demnach vielfältige Ursachen und die Auswahl von Ersatzprodukten kann nach Gesichtspunkten wie Preis, Geschmack, (Trink-)Kultur oder auf Basis der persönlichen Situation erfolgen. Dies stellt ein großes Risiko für die weinanbietenden Unternehmen dar.

4.1.2.4. Gefahr vor neuen Anbietern

Neue Weinanbieter auf dem amerikanischen Weinmarkt müssen nicht zwangsläufig mit einheimischen Weinen an den Markt kommen. Denkbar sind Weine aus allen Weinanbaugebieten der Welt. Für die neuen Anbieter bzw. Konkurrenten bieten sich verschiedene Alternativen, in den Weinmarkt einzutreten. Eine Möglichkeit ist die Gründung eines neuen Unternehmens, das mit Wein handelt bzw. diesen produziert (z.B. Weingut, Kellerei, Weinhändler). Diese Alternative ist jedoch mit großen finanziellen Risiken verbunden. Eine weitere Möglichkeit des Markteintritts stellt der Kauf eines bestehenden Betriebes dar. Im Zuge

---

[173] Vgl. Wöhe, Günter: Einführung in die Allgemeine Betriebswirtschaftslehre, 20., neu bearbeitete Auflage, 2000, S. 515.

einer Diversifikationsstrategie wäre bspw. die Rückwärtsintegration eines Winzers denkbar.

Eine dritte Alternative ist die Expansionsstrategie eines Unternehmens, das seinen Wein nicht nur auf dem nationalen, sondern zukünftig auch auf ausländischen Weinmärkten absetzen möchte.[174]

Für Weingüter, die beabsichtigen ihren Wein zu exportieren, ist der US-Weinmarkt in den letzten Jahren attraktiver geworden. Der amerikanische Weinmarkt wird nach einer Vinexpo/ISWR-Studie im Jahre 2010 der größte Weinmarkt weltweit sein.[175] Wichtig ist dies unter dem Gesichtspunkt, dass in den USA trotz einer hohen Weineigenproduktion zunehmend Wein importiert wird. So stieg der Import von 2001 bis 2006 um 60,7% auf 7.944.000 hl.[176] Weinimporteure haben allerdings diverse Eintrittsbarrieren in den amerikanischen Weinmarkt zu überwinden. Neben tarifären Handelshemmnissen wie Steuern, Zöllen und sonstigen Abgaben sind nichttarifäre Bestimmungen zu beachten. Beispielsweise beträgt der Zoll für Wein in Flaschen oder in Fässern bis zu zwei Litern und einem Alkoholgehalt von unter 14% 0,069 USD/Liter.[177] An Steuern müssen Bundes- bzw. Verbrauchssteuern gezahlt werden, die in jedem Bundesstaat unterschiedlich hoch ausfallen. Zu den wichtigen rechtlichen Regulierungen gehört, dass der Versand an Privatpersonen in einigen Bundesstaaten ohne Einfuhrgenehmigung nur in geringem Maße bzw. grundsätzlich nicht erlaubt ist. Jede Sendung wird vorab überprüft und der US-Zoll entscheidet, ob der Wein tatsächlich

---

174 Hier besteht eine Verbindung zu dem Vent-for-surplus-Theorem. Demnach führt eine gewollte Auslastung zur Erschließung von Auslandsnachfrage und zum Export.

175 Vgl. www.europewine.com/weinmarkt1.html, abgerufen am 05.03.08.

176 Vgl. Interne Daten zur amerikanischen Weinwirtschaft, zur Verfügung gestelltes Material des Deutschen Weininstitut GmbH vom 09.05.2008, S. 5.

177 Vgl. Datamonitor (Hrsg.): Wine in the United States, Industry Profile, November 2007, p. 17.

zu privaten Zwecken eingeführt wurde. Die Einfuhr von Wein zu kommerziellen Zwecken muss über einen Importeur erfolgen, der eine Einfuhrgenehmigung besitzt. Dies sind Eintrittsbarrieren, die jene Unternehmen betreffen, die ihre Weine in den US-Weinmarkt importieren möchten.

Unternehmen mit einer Weinproduktion in hoher Qualität, können durch entsprechend hohe Verkaufspreise ausreichend Gewinnmargen erzielen. Für diese Produzenten wird der Markteintritt aufgrund des zukünftigen Marktpotenzials attraktiver. Allerdings haben Weinerzeuger, die Weine auch oder nur für den Massenmarkt produzieren, mit der Preissensibilität der amerikanischen Abnehmer zu kämpfen. Die Preiselastizität der Nachfrager ist in diesem Fall elastisch.[178] Die tarifären und nichttarifären Handelshemmnisse können bei kleinen und mittelgroßen ausländischen Massenweinanbietern zu einer unrentablen Gewinnmarge führen. Für einen profitablen Export von Massenweinen fehlt den meisten deutschen Weinerzeugern die nötige Betriebsgröße. Grundsätzlich werden alle Unternehmen, die ihre Trauben von Dritten beziehen, mit der bereits erwähnten Lieferantenmacht konfrontiert und haben eine zusätzliche Eintrittsbarriere zu überwinden. Ein hoher Kapitalaufwand für die benötigten Produktionsanlagen sowie das umfangreiche Know-how für die Herstellung des Weines stellen zusätzliche Eintrittsbarrieren dar. Zuletzt fehlt neuen Wettbewerbern der Zugriff auf gut entwickelte Distributionskanäle.

Es ist eine weltweite Entwicklung kontinuierlich sinkender Preise für gute Weine sichtbar. Zwei Ökonomen der Universität in South Orange bei New York haben dies anhand der Wein-Rangliste des Magazins „Wine Spectator" analysiert. Grund dafür ist ihrer Meinung nach der

---

[178] Preiselastizität der Nachfrage: $\frac{\text{relative Mengenänderung}}{\text{relative Preisänderung}}$

zunehmende globale Weinhandel.[179] Die Weinkäufer können aus einer Masse von Weinen der ganzen Welt wählen, während die Winzer versuchen, untereinander die Preise zu unterbieten. In den USA sind die Weinkonsumenten bereit, für gute Weine mehr zu zahlen als bspw. in Deutschland. Deutschland ist weltweit das Land mit den niedrigsten Preisen, 90% aller Weine werden unter vier EUR (pro Flasche) verkauft. In Frankreich sind es nur 80% und in den USA nur 50%.[180]

Positiv auf den Markteintritt wirken sich für alle Wettbewerber die sich wandelnden Essgewohnheiten aus. Die US-Amerikaner entfernen sich mehr und mehr von der klassischen „fast food"-Küche, die durch den Verzehr von Hamburgern und Pommes frites geprägt ist. Tendenziell wird gesundheitsbewusstes und leichtes Essen immer begehrter, was den Trend zur asiatischen Küche unterstreicht. Bereits 39% der US-Kinder im Altern zwischen zehn und 13 Jahren nennen Gerichte aus der chinesischen Küche als ihr Lieblingsessen.[181] Im Vergleich zu „fast food" passt Wein besser zur asiatischen Küche. Durch diesen Wandel bedingt, entwickelt sich verstärkt eine Weintrinkkultur. Besonders kräftige Weine, d.h. Weine mit einem höheren Säuregehalt passen geschmacklich zur etwas schärferen und würzigeren asiatischen Küche und dürfen auf ein hohes Absatzpotenzial hoffen.

Speziell für die deutschen Winzer ist ein Markteintritt in den amerikanischen Weinmarkt sehr attraktiv. Gerade die säurebetonten deutschen Rieslinge können mit einer würzigen und leicht scharfen Küche harmonisieren und sollten zunehmend gefragter werden.

---

[179] Vgl. Cyron, Laura: Guter Wein wird günstig - Winzer aus Südafrika und Argentinien drücken den Preis, in: Frankfurter Allgemeine Sonntagszeitung, 29.06.2008, S. 47.

[180] Vgl. Murmann, Christoph: Frischware - Wein bleibt ein Wachstumsmarkt, in: Lebensmittelzeitung 05, 02.02.2007, S. 22.

[181] Vgl. Trankovits, Laszio: Chinesisches Essen hängt Burger & Co. ab, in: Wiesbadener Kurier, 24.06.2008, S. 12.

Starke Konkurrenz auf dem amerikanischen Weinmarkt kommt aus Ländern der *Neuen Welt*. Australien und Chile gewinnen zunehmend Marktanteile in den USA. Sie investieren stark in ihr Branding (Markenauftritt) und sind damit bei den amerikanischen Weinkonsumenten sehr erfolgreich.

Differenziert betrachtet sind es v. a. die Massenweinanbieter, die mit der starken Machtposition der Abnehmer zu kämpfen haben. Hier scheint die Gefahr neuer Wettbewerber eher gering. Für ausländische Importunternehmen wiederum ist der Verkauf von Spitzenweinen unter den genannten Einfuhrbestimmungen aufgrund des hohen Potenzials sicher eine „Analyse" wert. Die Gefahr, dass aus diesen Reihen neue Anbieter, v.a. aus der *Neuen Welt*, in den Markt eintreten, darf nicht unterschätzt werden und könnte zu einem verstärkten Preisverfall führen.

4.1.2.5. Rivalität unter den bestehenden Wettbewerbern

Unter den sich bereits im amerikanischen Weinmarkt befindlichen Wettbewerbern herrscht eine starke Rivalität. Ein Polypol an Wettbewerbern im US-Weinmarkt zersplittert den Markt. Mehr als zwei Drittel des Marktes (73%) werden mit heimischen, d.h. amerikanischen Weinen bedient. Die verbleibenden 27% sind Importweine. Detailliert wurde dies bereits in Kapitel 2.2.2.2. beschrieben.

Die Importquote macht deutlich, dass der amerikanische Weinmarkt neben inländischen auch aus ausländischen Akteuren besteht. Unter den importierten Weinen können v.a. diejenigen aus Australien und Chile große Zuwachsraten erreichen. Der Kauf von importierten Weinen ist - wie bereits dargelegt - weiter auf Wachstumskurs.[182] Der Kon-

[182] Vgl. Hussain, Mahmood/ Castaldi, Richard/ Cholette, Susan: Determinants of wine Consumption of U.S. Consumers - An Econometric Analysis, 3nd International Wine Business Research Conference, 06.07.-08.07.2006, p.2.

kurrenzkampf unter den Weinexportländern in die USA ist hart, jedes Land will Marktanteile dazu gewinnen.

Es sind v.a. viele kleine Unternehmen, die im amerikanischen Markt zu finden sind. Allein in den Vereinigten Staaten gab es im Jahr 2006 2.481 Weingüter, von denen nur 49 für 84% der gesamten Produktion verantwortlich waren.[183] Darüber hinaus gibt es wenige große Hauptakteure in den USA, die etwa 25% des gesamten Marktvolumens innehaben. Der Weinmarkt ist stark differenziert, es gibt etwa 7.000 verschiedene Weine zu kaufen.[184] Die Preissensibilität der Abnehmer und der tendenziell leichte Anbieterwechsel sowie die weitgehenden Substitutionsmöglichkeiten erhöhen die Rivalität unter den bestehenden Wettbewerbern zusätzlich. Dem gegenüber wirken sich die hohen Markteintrittsbarrieren für Neugründungen, Diversifikationen und ausländische Anbieter mildernd auf die Rivalität aus.

Zu den amerikanischen Hauptwettbewerbern gehören Constellations Brands Inc., E. & J. Gallo Winery und W.J. Deutsch & Sons Ltd. Constellations Brands ist mengenmäßig der größte Weinproduzent der Welt und handelt mit einer breiten Palette von Weinen in allen Qualitäts- und Preislagen aus Nordamerika und Chile.[185]

Gallo Winery ist ein kalifornisches Familienunternehmen, das in den 1930er Jahren mit einer Weinkellerei seine Geschäftstätigkeit begann. Durch den Kauf von Weinbergen im Jahre 1977 nahm Gallo Winery eine Rückwärtsintegration in der Wertschöpfungskette vor. Angeboten werden lediglich Weine aus Kalifornien, die in 90 Länder weltweit verkauft werden. Gallo Winery bietet ebenfalls die gesamte Bandbreite an

---

[183] Vgl. Interne Daten zur amerikanischen Weinwirtschaft, zur Verfügung gestelltes Material des Deutschen Weininstitut GmbH vom 09.05.2008, S. 4.

[184] Vgl. Datamonitor (Hrsg.): Wine in the United States, Industry Profile, November 2007, p. 20.

[185] Vgl. www.cbrands.com/CBI/constellationbrands/homepage/default.jsp, abgerufen am 06.07.08.

Qualitätsstufen an, vom einfachen Tafel- bis zum hochwertigen Premiumwein.[186]

W.J. Deutsch & Sons ist ein Weinhändler, der vornehmlich Weine aus Europa (hauptsächlich Italien, Frankreich und Portugal), Australien und Kalifornien anbietet. Für die deutschen Winzer bedeutet die Marktstellung dieser großen und starken Weinanbieter, dass es wenig erfolgversprechend ist, mit Massenweinen in den amerikanischen Markt einzudringen. Vielmehr ist die Überlegung anzustreben, sich auf Nischenstrategien zu konzentrieren (Abbildung 21).

4.2. *Unternehmensanalyse deutscher Weingüter*

Da in der vorliegenden Arbeit der deutsche Wein als Gesamtes betrachtet wird und nicht einzelne Weingüter, Winzer oder Kellereien, kann nicht von einer klassischen Unternehmensanalyse gesprochen werden. Die sich heraus kristallisierenden Stärken und Schwächen beziehen sich auf das gesamte Angebot des deutschen Weinmarktes. In Kapitel 2.2.1 wurden bereits Grundlagen zum deutschen Weinmarkt beschrieben, auf die in der internen Ressourcenanalyse im Folgenden zurückgegriffen wird.

Im ersten Schritt werden Faktoren bzw. Ressourcen aufgezeigt, die für die Analyse der Stärken und Schwächen von Bedeutung sein können.

Die betrachteten Faktoren/ Ressourcen in der Unternehmensanalyse für deutsche Weine sind:

- Produkte,
- Finanzsituation,
- Steigerungspotenzial der Produktivität,
- Standort und

[186] Vgl. www.gallo.de, abgerufen am 23.06.08.

- Absatzmärkte sowie Marktanteil.

Bei den Produkten handelt es sich in Deutschland um Weißweine (65%) und Rotweine (35%). Etwa auf 20% der gesamten Rebflächen werden Rieslingtrauben angebaut. Aus etwa 98% des gesamten Ertrages werden Qualitätsweine hergestellt, wovon die Hälfte Prädikatsweine (51%) sind (vgl. Tabelle 1). Darüber hinaus haben die deutschen Winzer vielfältige Möglichkeiten ihre Weine zu differenzieren. Differenzierungsfaktoren sind Rebsorte, Lage, Jahrgang oder Qualitätsbezeichnung. Die Produktsituation kann daher als gut betrachtet werden.

Da es in Deutschland zahlreiche kleine Winzer (54% aller Winzer besitzen unter einem halben Hektar Rebfläche) und v.a. viele Nebenerwerbswinzer gibt, sind die finanziellen Möglichkeiten der einzelnen Weingüter eingeschränkt. Um finanziell mit den größeren Weingütern konkurrieren zu können, haben sich in den einzelnen Weinanbaugebieten Winzergenossenschaften gebildet. Die Finanzsituation bzw. die finanziellen Möglichkeiten der einzelnen Weingüter können daher lediglich als mittelmäßig bis schlecht eingestuft werden.

Das Steigerungspotenzial der Produktivität ist bei den deutschen Weingütern durch die vergleichsweise kleinen Anbauflächen beschränkt. Deutschland steht mit seiner Weinanbaufläche weltweit nur an 17. Stelle. Ein Ausbau der Anbaufläche ist durch gesetzliche Regelungen im deutschen Weinrecht aus dem Jahr 2004 nur begrenzt möglich. Grundsätzlich fallen die Wieder- und Neuanpflanzungen in EU-Gemeinschaftsrecht. Wiederbepflanzungen von brachliegenden Weinanbauflächen sind ohne Genehmigung kaum möglich und unterliegen einem streng geregelten Genehmigungsverfahren.[187] Demnach können und dürfen Weinreben nicht überall in Deutschland angebaut werden.

[187] Vgl. Blau, Achim/ Nickenig, Rudolf: Das Weinrecht 2004, aid infodienst Verbraucherschutz, Ernährung, Landwirtschaft e.V. (Hrsg.), 15. überarbeitete Auflage, 2004, S. 7.

Voraussetzungen für Neuanpflanzungen sind neben den gesetzlichen Regelungen auch bestimmte klimatische Bedingungen. Das Ausbaupotenzial wird daher tendenziell als mittelmäßig bewertet. Darüber hinaus werden in Deutschland fast ausschließlich Qualitätsweine hergestellt, was den Gesamtertrag mindert. In dieser Hinsicht gilt, dass je höher die Qualität des Weines, desto geringer der Ertrag.[188]

Der Standort Deutschland ist geprägt von einem recht kühlen Klima, das den Winzern hierzulande die Chance gibt, bestimmte Rebsorten in so hoher Qualität an- und auszubauen, wie es in wärmeren Weinanbauregionen der Welt in dieser Form nicht möglich wäre. Die unterschiedlichen Bodenstrukturen in den jeweiligen Anbaugebieten bringen ganz unterschiedliche Geschmacksnuancen zum Vorschein. Der Klimawandel kann, wie schon in der Umweltanalyse angesprochen, in dieser Hinsicht ebenfalls positiv zum Tragen kommen. Folglich kann die Standortsituation derzeit als positiv bewertet werden.

Der Absatzmarkt USA und der dortige Marktanteil der deutschen Weine von knapp vier Prozent hat viel zusätzliches Potenzial. Der Trend des vermehrten Weinkonsumierens und der Trend zu gesünderem Essen sind nur zwei Indikatoren für das in Amerika schlummernde Absatzpotenzial. Der Anteil deutscher Weine ist in den letzten Jahren stetig gewachsen und die jüngste Entwicklung zeigt, dass eine erhöhte Nachfrage nach deutschen Rotweinen, darunter v.a. Spätburgunder, vorhanden ist.

---

[188] Bei der Herstellung eines Prädikatweines, muss schon bei der Bearbeitung der Weinreben das ganze Jahr über die Grundlage für die Weinqualität gelegt werden. Beispielsweise müssen für eine hohe Qualität mehr Fruchtstände weggeschnitten werden, damit die verbleibenden Früchte mehr Kraft aus dem Weinstock erhalten. Dadurch wird bspw. der Ertrag niedriger. Darüber hinaus dürfen je nach Qualität der Weine nur ganz bestimmte, z.B. nur vollreife Trauben, weiter verarbeitet werden. Dies schmälert ebenfalls den Ertrag.

Nach dem Aufzeigen der Faktoren/ Ressourcen der deutschen Weine, werden im zweiten Schritt mögliche Stärken und Schwächen identifiziert.

Abbildung 23: Stärken und Schwächen aus der Unternehmensanalyse

Unternehmensanalyse	
Stärken	**Schwächen**
Differenzierungsmöglichkeiten der Weine (Rebsorte, Lage etc.)	geringere finanzielle Möglichkeiten -->einzelne Winzerbetriebe oftmals zu klein
Fast alle hergestellten Weine in Deutschland Qualitätsweine, v.a. auch viele Prädikatsweine	Anbaufläche kann nicht unendlich ausgebaut werden (staatliche Regelung)
Möglichkeiten die Weine zu differenzieren (nach Rebsorten, Lagen, Jahrgänge etc.)	kein einheitlicher Geschmack derselben Rebsorte in unterschiedlichen Lagen bzw. Jahrgängen
größtes Anbaugebiet für Rieslinge, wenig direkte Konkurrenz	
beschränktes Ausbaupotenzial: kleine limitierte Mengen positiv, wenn entsprechend vermarktet	
Jeder Wein hat andere Geschmacksnuancen --> immer wieder eine Überraschung, muss entsprechend vermarktet werden	

Quelle: Eigene Darstellung

Die vorhandenen Weißweine stellen eine Stärke dar, da die Auswahl der hiesigen Rebsorten weltweit nicht weit verbreitet ist (hier sei v.a. die Rieslingtraube erwähnt). Eine Schwäche sind allerdings die deutschen Rotweine, die in einem harten Wettbewerb mit den kräftigeren Rotweinen aus südeuropäischen Ländern und der *Neuen Welt* stehen. Es hat sich jedoch an der Exportstatistik gezeigt, dass die deutschen Rotweine im Ausland zunehmend gefragt sind.

Die dargestellte Finanzsituation stellt eine Schwäche für die Vermarktung der deutschen Weine dar. Da viele Winzer den Weinanbau nur noch nebenbei betreiben oder wenig Rebfläche besitzen, haben sie nicht die finanziellen Mittel, um sich mit dem Thema Export professionell auseinanderzusetzen. Zudem fehlen den Winzern die finanziellen Ressourcen für die notwendigen Marketingmaßnahmen bei der Durchführung einer Expansionsstrategie.

Das begrenzte Steigerungspotenzial der Produktivität stellt einerseits eine Schwäche des deutschen Weinanbaus dar, kann aber andererseits als Stärke ausgelegt werden. Der Erzeuger kann sich nicht auf Quantität, sondern muss sich auf Qualität konzentrieren.

Die Standortsituation kann als Stärke genutzt werden. Der Standort Deutschland am äußeren Rand des Weltrebengürtels bietet die Möglichkeit besonders hochwertige und geschmacklich einzigartige Weine auszubauen. Die große Geschmacksvielfalt derselben Rebsorte in verschiedenen Böden kann einerseits als Stärke betrachtet werden, andererseits auch eine Schwäche darstellen, weil es keinen einheitlichen Geschmack gibt.

Im dritten Schritt, der internen Ressourcenanalyse, werden aus den identifizierten Stärken und Schwächen die Kompetenzen abgeleitet, mit denen ein Wettbewerbsvorteil ausgebaut werden kann. Dazu zählen bei den deutschen Weinen die vorhandenen Produkte (v.a. die Weißweine) und der Standort Deutschland. Diese Wettbewerbsvorteile müssen in die Kommunikation bei der Vermarktung einfließen.

4.3. SWOT-Analyse

Das Ergebnis der vorhergehenden Umweltanalyse war die Identifizierung von Chancen und Risiken, die sich für die Bearbeitung eines Ländermarktes für ein Unternehmen ergeben können (siehe Abbildung 24 und Abbildung 25). Das Ergebnis der Unternehmensanalyse war die Identifizierung von Stärken und Schwächen (Abbildung 23).

Abbildung 24: Chancen und Risiken der globalen Umwelt

Globale Umweltfaktoren	
globale Chancen	**globale Risiken**
geographische Faktoren	
Einheitssprache	
positiv klimatische Entwicklung für neue Rebsorten	negative klimatische Entwicklung für bestehende Rebsorten
großes Potenzial, aufgrund geographischer Größe, große Bevölkerungspotenzial	
ökonomische Faktoren	
viele Haushalte, die genügend Einkommen für Luxusgüter wie Wein haben	schwacher USD
kulturelle und soziale Faktoren	
viele Religionsgruppen in den USA offen für alkoholische Getränke	
demographischer Wandel --> Bevölkerungszuwachs in den USA	
politisch-rechtlich Faktoren	
	unterschiedliche Gesetzgebung in den einzelnen Bundesstaaten im Umgang mit alkoholischen Getränken
	Einfuhrbestimmmungen für Weine, unterschiedliche Handhabung in den einzelnen Bundesstaaten
	Zölle und Steuern für die Einfuhr

Quelle: Eigene Darstellung

Abbildung 25: Chancen und Risiken der Unternehmensumwelt

Chancen der Unternehmensumwelt	Risiken der Unternehmensumwelt
Verhandlungsmacht der Lieferanten	
Traubenlieferanten haben gewisse Abhängigkeit, stehen Abnehmeroligopol gegenüber	Abhängigkeit von Traubenlieferanten --> Beständigkeit in Qualität entscheidend
	mangelnde Substituierbakeit von Trauben zur Weinherstellung
Verhandlungsstärke der Abnehmer	
Möglichkeiten die Weine zu differenzieren (nach Rebsorten, Lagen, Jahrgänge etc.)	große Auswahl an Anbietern, Wechselbereitschaft der Abnehmer, niedrige Wechselkosten
Gefahr durch Substitutionsprodukte	
	große Gefahr durch Ersatzprodukte: andere alkoholische Getränke, andere Weine
Gefahr durch neue Anbieter	
stetig steigende Weinimporte in die USA	zahlreiche Markteintrittsbarrieren: nichttarifäre und tarifäre Handelshemmnisse: allgemeine Vorschriften für die Einfuhr, Zölle, Steuern
	weltweite Entwicklung kontinuierlich sinkender Preise für Wein
Trend zu einem gesunden Lebensstil	
Trend: sich wandelnde Ess- und Trinkkultur	
Rivalität unter den Wettbewerbern	
	harter Konkurrenzkampf unter den Weinanbietern aus In- und Ausland

Quelle: Eigene Darstellung

Die identifizierten Chancen und Risiken für den amerikanischen Weinmarkt werden aus Sicht der deutschen Winzer betrachtet und in der SWOT-Analyse mit den Stärken und Schwächen der deutschen Weingüter bzw. Kellereien kombiniert. Dargestellt wird dies in der SWOT-Matrix.

Abbildung 26: SWOT- Matrix für den Weinmarkt in den USA

		Unternehmensorientierung	
		Stärken (Strengths)	**Schwächen (Weaknesses)**
Umweltorientierung	**Chancen (Opportunities)**	Fast alle hergestellten Weine in Deutschland Qualitätsweine, v.a. auch viele Prädikatsweine (Stärke) - Trend: sich wandelnde Ess- und Trinkkultur (Chance)	geringere finanzielle Möglichkeiten –> einzelne Winzerbetriebe oftmals zu klein (Schwäche) - stetig steigende Weinimporte in die USA (Chance) Strategie: Bildung von Genossenschaften
		Fast alle hergestellten Weine in Deutschland Qualitätsweine, v.a. auch viele Prädikatsweine (Stärke) - viele Haushalte, die genügend Einkommen für Luxusgüter wie Wein haben (Chance)	Anbaufläche kann nicht unendlich ausgebaut werden (staatliche Regelung) –> Vermarktung mit Hinweis auf limitierte Menge
	Risiken (Threats)	zahlreiche Markteintrittsbarrieren: nichttarifäre und tarifäre Handelshemmnisse: allgemeine Vorschriften für die Einfuhr, Zölle, Steuern (Risiko) - Fast alle hergestellten Weine in Deutschland Qualitätsweine, v.a. auch viele Prädikatsweine (Stärke)	schwacher USD –> Termin- und Sicherungsgeschäfte durchführbar
		große Auswahl an Weinanbietern, Wechselbereitschaft der Abnehmer, niedrige Wechselkosten (Risiko) - Möglichkeiten die Weine zu differenzieren (nach Rebsorten, Lagen, Jahrgänge etc.) (Stärke)	große Gefahr durch Ersatzprodukte: andere alkoholische Getränke, andere Weine –> Trinkgewohnheiten vor Markteintritt überprüfbar
		klimatische Entwicklung für alte Rebsorten (Risiko) - Aufbau neuer Rebsorten möglich, die vornehmlich in den USA getrunken werden (Stärke)	

Quelle: Eigene Darstellung

Aus den vier verschiedenen Kombinationen der Matrix können strategische Handlungsalternativen abgeleitet werden. In der folgenden Beschreibung der vier Felder der Matrix werden nur noch die als relevant bestimmten Chancen und Risiken sowie Stärken und Schwächen einbezogen.

Strengths-Opportunities-Strategien: Die deutschen Weine mit ihrem fruchtigen, leichten, filigranen Geschmack, ihrer guten Qualität und einem moderaten Alkoholgehalt sollten als Chance genutzt und sich aufgrund der sich verändernden amerikanischen Ess- bzw. Trinkkultur entsprechend positioniert werden. Ein neues Image für den deutschen Wein, das die hohe Qualität und den unverwechselbaren Geschmack widerspiegelt und dabei eine entsprechende weltweite Bekanntheit hervorhebt, kann eine strategische Zielsetzung sein. Darüber hinaus haben viele Haushalte in den Vereinigten Staaten das Einkommen, um sich Wein als Luxusgut leisten zu können und außerdem die Bereitschaft aufbringen, hochpreisige Weine zu kaufen. Dieses Potenzial sollten die deutschen Winzer nutzen, um besonders ihre qualitativ höherwertigen und damit hochpreisigen Weine in den USA zu vermarkten. Der Ausbau dieser strategischen Zielsetzungen bringt dem deutschen

Wein einen entsprechenden Wettbewerbsvorteil gegenüber anderen Importweinen.

Weaknesses-Opportunities-Strategien: Die finanziell schlechter aufgestellten kleineren deutschen Weingüter können aufgrund ihres geringeren Produktionsvolumens und der damit verbundenen geringeren Fixkostendegression Wettbewerbsnachteile haben. Ihnen bietet sich die Möglichkeit, Genossenschaften zu bilden, um den Export in die USA gemeinsam zu organisieren und damit am wachsenden Potenzial des Weinmarktes in den USA teilzuhaben. Ergänzend besteht die Möglichkeit eines gemeinsamen Kommunikationsauftritts im Land zur Steigerung der Bekanntheit der Weine. Die beschränkten Möglichkeiten eine größere Anbaufläche in Deutschland mit Weinreben zu bewirtschaften, kann für die Vermarktung positiv genutzt werden. Ein Wein mit guter Qualität sollte mit dem Hinweis auf die geringen verfügbaren Mengen vermarktet werden. Eine limitierte Auflage, d.h. überschaubares Angebot, führt bei großer Nachfrage zu steigenden Preisen, die die deutschen Weingüter dann als Gewinnmargen abschöpfen können.

Strengths-Threats-Strategien: Die unterschiedliche Handhabung der Weineinfuhr in die einzelnen Bundesstaaten der USA ist unvermeidlich. Ebenso wenig die mit der Einfuhr verbundenen Zölle, Steuern sowie weitere Vorschriften. Diese Risiken sind von allen exportierenden Länder einkalkulieren. Das heißt, dass alle importierten Weine in den USA die gleichen Voraussetzungen haben. Die Tatsache sinkender Weinpreise klingt zwar auf den ersten Blick negativ, kann allerdings für einzelne Weingüter positiv gedeutet werden. Sinkende Preise haben zur Folge, dass die Konkurrenz kleiner wird. Kleinere Winzer aus Deutschland und in anderen Ländern, können den Preiskampf nicht mitgehen und verlassen den Markt. Dies ist für Weine mit hoher Qualität eine Chance. Ein sinkendes Angebot und sinkende Preise machen qualitativ hochwertigere Weine für eine breitere Masse von Weinkonsumenten interessant. Niedrigere Preise haben den Effekt, dass Menschen mit einem geringeren Budget für den Kauf von Weinen nun höherwertige Weine erhalten. Diese Tatsache zeigt, dass sinkende Preise nicht generell für alle Weinvermarkter negative Folgen haben müssen. Durch vielfältige Differenzierungsmöglichkeiten der Weine können Winzer das Risiko, das die Abnehmer ihre Weinlieferanten wechseln sowie deren Macht bezüglich der Preisgestaltung, vermindern. Je stärker sich die Weine voneinander unterscheiden, desto schwieriger wird es für den Abnehmer, einen bestimmten Wein durch einen anderen Wein zu ersetzen. Veränderungen der klimatischen Bedingungen stellen langfristig ein großes Problem dar. Die Weintrinker sind an einen bestimmten Geschmack des Weines gewohnt. Ein Klimawandel würde nicht nur eine geschmackliche Veränderung bedeuten, weitaus schlimmer wäre, dass einige Rebsorten das wärmer werdende Klima schlechter vertragen. Allerdings kann der Klimawandel positiv genutzt werden, um Rebsorten anzubauen, die z.Zt. in Deutschland noch nicht angebaut werden, weil das bisherige Klima dafür keine optimalen Bedingungen geboten hat. Beispiele sind Chardonnay, Merlot, Shiraz, welche auch die Sorten sind, die in den USA vornehmlich getrunken werden. Deutschland würde damit in Konkurrenz mit allen südlicher liegenden Weinanbaugebieten der *Alten Welt* (Europa) sowie der *Neuen Welt* (Australien, Südafrika, Chile, Argentinien, USA etc.) treten.

Weaknesses-Threats-Strategien: Als externes Umweltrisiko können die Währungskursschwankungen bzw. der derzeitige schwache Kurs des USD relativ zum EUR betrachtet werden. Für die Weingüter in Deutschland ist es schwierig, die aus dem schlechten Wechselkursverhältnis resultierenden Folgen zu mindern oder abzuwenden. Die Folgen beim Weinabsatz in USD sind, dass die Weine nicht mehr gewinnbringend vermarktet werden können. Um das Risiko etwas abzuschwächen, wäre die Durchführung von Termin- und Sicherungsgeschäften denkbar. Ein weiteres großes Risiko sind die kaum beeinflussbaren Substitutionsmöglichkeiten für Weine. Der Griff nach Substitutionsprodukten kann vielfache Gründe haben, wie z.B. Geschmack, Kultur oder der Preis. Eine Nation, in der traditionell eher Bier getrunken wird, lässt sich nicht in kurzer Zeit in eine Weintrinkernation verwandeln. Dieses Risiko ist vakant, aber durch eine entsprechende Umweltanalyse vor der Marktbearbeitung erkennbar.

Die Strengths-Opportunities-Strategien sollen ausgebaut werden, Weaknesses-Opportunities-Strategien zu den Strengths-Opportunities-Strategien aufholen, in dem die internen Schwächen abgebaut werden. Strengths-Threats-Strategien sind unter Zuhilfenahme der eigenen Stärken zur Absicherung des Unternehmens, vor den externen Risiken zu nutzen. Die Weaknesses-Threaths-Strategien sollten so weit wie möglich vermieden werden.

4.4. *Markteintrittsstrategien für deutschen Wein in den US-Weinmarkt*

4.4.1. Export als Markteintrittsstrategie

Wie in Kapitel 3.2.4 ausführlich dargelegt, ist als Markteintrittsstrategie für deutschen Wein in ausländischen Märkten lediglich der Export zu empfehlen. Der Produktionsstandort muss bei deutschem Wein unbedingt Deutschland sein. Trotzdem gibt es verschiedene Möglichkeiten, den deutschen Wein auf dem amerikanischen Weinmarkt anzubieten. Es kann zwischen einem indirekten und einem direkten Export unterschieden werden.

4.4.2. Besonderheiten des indirekten Exports deutscher Weine in den US-Markt

Beim indirekten Export schaltet das Unternehmen, das den Wein vermarkten möchte, bereits im Inland ein Unternehmen ein, das die Exportabwicklung übernimmt. Die Weinflaschen bzw. Fassweine werden an dieses Außenhandelsunternehmen verkauft. Ab diesem Zeitpunkt trägt das importierende Unternehmen allein die Verantwortung, das exportierende Unternehmen hat keine weitere Möglichkeit zur Einflussnahme. Diese Form des Exports hat für das weinexportierende Unternehmen nennenswerte Vorteile. Da viele Weingüter in Deutschland tendenziell kleinere Unternehmen sind, bietet sich besonders der indirekte Export an. Dieser ist mit geringeren Risiken verbunden, da die komplette Abwicklung des Exports der eingeschaltete Intermediär übernimmt. Damit vermeiden die Weingüter nicht nur das Risiko von Wechselkursschwankungen, sondern sie benötigen auch weniger Wissen über den Weinmarkt in den USA und die maßgeblichen Akteure. Die Komplexität der Organisation des Exports fällt auf der Stufe des Weinherstellers weg. Es gibt allerdings Nachteile, die beim indirekten Export nicht übersehen werden dürfen. Beispielsweise verlangen Außenhandelsunternehmen einen hohen Risikoausgleich für die Übernahme des Währungsschwankungsrisikos. Des Weiteren hat der Weinhersteller keine Einfluss- oder Kontrollmöglichkeit auf den Absatz seiner Weine in den USA.

Außenhandelsunternehmen beim indirekten Export können wie in Kapitel 3.2.4.2. beschrieben Exporteigenhändler, Exportagenten oder Exportkooperationen sein.

Ein Beispiel eines Exporteigenhändlers für Wein ist das Unternehmen Wineconsale GmbH. Die Wineconsale GmbH kauft Weine von Weingütern auf und organisiert die Abwicklung der Ausfuhr in die USA. Da ausländischer Wein in Amerika nur über einen Importeur eingeführt werden kann, der eine entsprechende Lizenz („Import Liquor Licence") besitzt, ist es Aufgabe von Wineconsale, einen passenden Importeur für die angebotene Produktpalette bzw. einen zum Portfolio passenden Importeur zu finden. In manchen Bundesstaaten, bspw. Michigan, Ohio oder Oregon, ist der Verkauf von alkoholischen Getränken nur über entsprechende staatliche oder staatlich anerkannte Verkaufsstellen zulässig. Eine Einfuhr ist in diesen Staaten nur über die jeweiligen staatlichen Alkoholverwaltungen möglich. Darüber hinaus bestehen für die Einfuhr von Wein in die USA noch bundesrechtliche sowie einzelstaatliche Etikettierungsvorschriften.[189] Die Wineconsale GmbH kümmert sich als Exporteigenhändler um die gesetzeskonforme Etikettierung der Weine und erstellt die notwendigen Ausfuhrdokumente (Handelsrechnung, Packliste, Ausfuhranmeldung etc.). Wesentliche Risiken wie Währungs- oder Transportrisiken trägt die Wineconsale GmbH. Dem Weinproduzenten (meist dem Weingut) entstehen in diesem Fall keine weiteren Risiken. Es werden weder Personalressourcen gebunden noch Marktkenntnisse über den amerikanischen Weinmarkt benötigt.

Die Einschaltung eines wirtschaftlich und rechtlich selbständig arbeitenden Exportunternehmens wie Wineconsale GmbH kann allerdings auch nachteilig für die beauftragenden Weingüter sein. Sie müssen mit Gewinnschmälerungen rechnen, da das Außenhandelsunternehmen eine hohe Spanne zwischen Einkaufs- und Verkaufspreis verlangt, um das Risiko, das sie für die beauftragenden Unternehmen übernehmen, zu kompensieren. Darüber hinaus erhält das Weingut keinen Einblick in den Weinmarkt der USA (z.B. Konkurrenzsituation, Kundenbedürfnisse, Produktangebot usw.). Die Wineconsale GmbH bereist regelmäßig Exportländer und pflegt die Beziehungen zu Kunden. Die Wineconsale GmbH wird aus dem Produktportfolio der Weingüter nur die Weine kaufen, die möglichst gut und teuer am Markt verkauft werden können. Das Weingut hat auf die Produktauswahl entsprechend wenig Einfluss. Insgesamt besteht eine große Abhängigkeit des produzierenden Unternehmens zum eingeschalteten Intermediär.[190]

---

[189] Vgl. IHK: Weinversand in Ausland (Amerika), zur Verfügung gestelltes Material des Deutschen Weininstitut GmbH, 2007, S. 1ff.

[190] Vgl. Pohl, Marc: AW: Weinexport in die USA – Master Thesis, marc.pohl@wineconsale.com, 30.07.08.

Kleine und mittlere Weingüter haben darüber hinaus die Möglichkeit, sich in Exportkooperationen zu organisieren oder Exportagenten einzuschalten. Im Unterschied zu den Exporteigenhändlern tragen die Weinproduzenten die Risiken und handeln auf eigene Rechnung.

4.4.3. Besonderheiten des direkten Exports deutscher Weine in den US-Markt

Die Produkte werden beim direkten Export ohne die Einschaltung eines inländischen Zwischenhändlers, wie in Kapitel 3.2.4.3. beschrieben, direkt an Wiederverkäufer bzw. Endverbraucher geliefert.

Im Rahmen eines direkten Weinexportes in die USA gibt es einige Besonderheiten, die Einfluss auf die Einfuhr haben. Beispielsweise wird von der Versendung von Wein an private Endkunden in die USA generell abgeraten. In manchen Bundesstaaten kann dies zu Unannehmlichkeiten und hohen Kosten beim Empfänger führen.

In den USA gilt ein „three-tiered"-Distributionssystem[191] für Weine (Abbildung 27).

---

[191] Vgl. Hall, Michael, C. / Mitchell, Richard: Wine Marketing - A practical Guide, 2008, p. 21; vgl. Schneider, Bruce: Exporting German Wines to the United States, zur Verfügung gestellte Präsentation des Deutschen Weininstituts GmbH, 2007, p. 19.

Abbildung 27: Distributionssystem für ausländische Weine in den USA

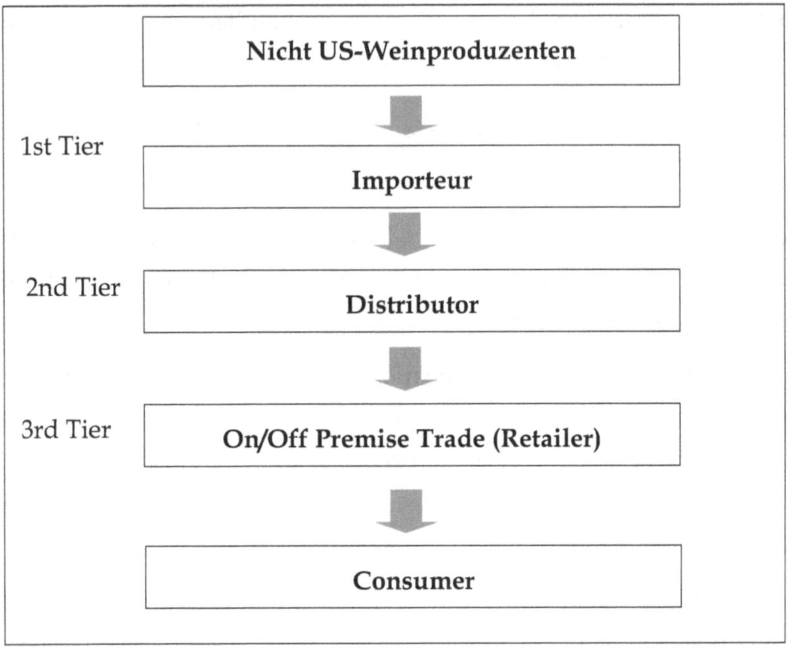

Quelle: In Anlehnung an Schneider, Bruce: Exporting German Wines to the United States, zur Verfügung gestellte Präsentation des Deutschen Weininstituts GmbH, 2007, p. 19.

Dieses setzt sich aus Importeur, Distributor und Einzelhändler (on- und off-trade). Der direkte Export kann nur an einen Importeur erfolgen. Dieser muss im Besitz einer entsprechenden Lizenz für die Einfuhr von alkoholischen Getränken sein. In einigen Fällen ist der Importeur in den USA auch gleichzeitig ein Distributor. Bei Nutzung dieses Distributionsweges für den Wein wird von einem direkten Export ohne Direktinvestitionen gesprochen. Das Weingut Georg Breuer in Rüdesheim nutzt ausschließlich diesen Weg des Exportes. Das Weingut beliefert einen Importeur in den USA, der als Alleinvertretung für alle Bundesstaaten fungiert. Der Importeur wiederum greift in allen Staaten auf Großhändler (distributors) zurück, die im Besitz einer „wholesale-licence" für die entsprechenden Bundesstaaten sind. Der Großhändler verkauft die Weine anschließend an Einzelhändler, einerseits an Händler (retail- oder off-licence) und andererseits an Gastronomiebetriebe (on-licence). Der Besitzer des Weingutes Georg Breuer, Heinrich Breuer, sieht in diesem Vorgehen langfristig sehr gute Chancen, allerdings leidet sein Betrieb, wie viele andere Weingüter auch, unter der derzeitigen Kursschwäche des US-Dollars.[192] Das Wechselkursrisiko trägt bei dieser Variante des Exportes das exportierende Weingut. Kalkuliert das Weingut die zusätzlichen Kosten des Währungsrisikos in die Verkaufspreise ein, kann dies zur Folge haben, dass es aufgrund der höheren Preise nur bedingt konkurrenzfähig ist. Die Tatsache, dass ausschließlich ein Importeur für alle Bundesstaaten eingesetzt wird, kann den Vorteil haben, dass nur wenige personelle Ressourcen für die Exportabwicklung benötigt werden. Beim direkten Export gelten die zusätzlich benötigten Ressourcen im Inland für die Exporttätigkeiten eher als Kostennachteil. Der entscheidende Nachteil, der einem Weingut wie Familie Breuer bleibt, ist der fehlende direkte Kundenkontakt mangels fehlender Präsenz vor Ort. Gemindert werden könnte dieser Nachteil durch den Einsatz von eigenen Mitarbeitern in den USA. Die gestiegenen Kosten hätten den positiven Effekt, dass der Weinmarkt besser beobachtet werden, auf Konkurrenten reagiert und auf Kundenbedürfnisse eingegangen werden könnte. Diese Aufgabe kann verbundweise (Zusammenschluss einzelner Weingüter) erfolgen, was für den Einzelnen kostengünstiger ist. Der Nachteil wäre die abnehmende Individualität.

Es gibt allerdings die Alternative, den Wein direkt an einen Einzelhändler zu verkaufen. Dafür benötigt der Weinvermarkter einen sog. „clearing wholesaler“, da der Absatz des Weines aus dem Ausland ausschließlich über einen Großhändler erfolgen darf. Dieser genehmigt und

---

[192] Vgl. Breuer, Heinrich: AW: Weinexport in die USA - Master Thesis, heinrich@georg-breuer.com, 05.08.08.

wickelt in einem Prozess, der sich „clearing" nennt, das Geschäft ab. In manchen Staaten wie z.B. Kalifornien besitzen einige Einzelhändler Großhändler-Lizenzen, was aber eher die Ausnahme ist.[193]

Eine weitere Möglichkeit stellt der direkte Export mit Direktinvestitionen, d.h. der Kapitalinvestition im Ausland dar. In diesem Fall spielt der Export des Weines für den Produzenten eine so wichtige Rolle, dass er die Weitervermarktung im Ausland nicht an ein fremdes Unternehmen abgeben möchte und/ oder genügend Ressourcen (Personal und Finanzmittel) zur Verfügung hat. Es werden die Varianten des Repräsentanzbüros, der Zweigniederlassung oder der Vertriebsgesellschaft unterschieden.

Gleich welche Form der Investition im Ausland gewählt wird, lohnt diese sich erst ab einer gewissen Größe des Weingutes bzw. ab einem bestimmten Umsatz im Zielland. Die Weinkellerei Schmitt Söhne GmbH an der Mosel hat in Kanada, China, den Niederlanden und England Repräsentanzbüros mit jeweils einem Mitarbeiter eröffnet. Diese Mitarbeiter sind bei Schmitt Söhne in Deutschland angestellt. In den Vereinigten Staaten hat Schmitt Söhne eine Zweigniederlassung mit mehreren Mitarbeitern aufgebaut.[194] Zweigniederlassungen oder Filialen können zur Planung und Realisierung der Marketingaktivitäten (z.B. Kundenbetreuung) vor Ort zuständig sein. Darüber hinaus ist bei dieser Form der Direktinvestition eine unmittelbare Betreuung des Marktes mit Ansprechpartnern für den Importeur der Weine möglich. Es können wichtige Geschäftskontakte aufgebaut und neue Importeure in anderen Bundesstaaten akquiriert werden. Zusätzlich bieten sie die Option für Marktbeobachtungen, um bspw. die tatsächlichen Kundenwünsche zu ermitteln. Die Produktion eines Weines, der sich genau an

---

193 Vgl. Moulton, Kirby/ Lapsley James: Successful wine marketing, Aspen Publishers, 2001, p. 264f.

194 Vgl. www.schmitt-soehne.com, abgerufen am 03.09.08.

den Bedürfnissen der Kunden orientiert, ist durch die Präsenz in den USA leichter und mit einem geringeren Risiko verbunden. Es ist mehr Kontrolle möglich, die Beeinflussungschancen der einzelnen Absatzmittler in den USA steigen. Diese Variante des direkten Exportes ist eine sehr effektive und effiziente Alternative. Es werden Nachteile, die das amerikanische Distributionssystem mit sich bringt, verringert. Allerdings rentiert sich diese Alternative nur für größere Weingüter, die ein entsprechendes Mengen- oder Umsatzvolumen in Wein in den USA erwirtschaften können. Es besteht weiterhin die Möglichkeit, eine Organisation zu gründen, die den gesamten deutschen Wein als Marke mit Marketingaktivitäten vor Ort unterstützt. Auf diese Organisation kann jedes Weingut im entsprechenden Markt zugreifen und sich bei speziellen Marketingaktivitäten für seine Weine unterstützen lassen. Das Deutsche Weininstitut (DWI) unterhält in New York eine Niederlassung und kümmert sich vor Ort um die Belange des deutschen Weines in den USA.

4.5. *Marktbearbeitungsstrategien für den amerikanischen Weinmarkt*

4.5.1. Produktpolitik

4.5.1.1. Grundlagen der Produktpolitik am Beispiel deutscher Weine

Die Gestaltung der Produkte wird als Kernstück des internationalen Marketing-Mix bezeichnet. Auch der deutsche Wein ist ein Produkt, das sich aus Grund- und Zusatznutzen zusammensetzt. In der Weinbranche gibt es ganz unterschiedliche Auffassungen darüber, was der Grund- und der Zusatznutzen beim Wein ist. Dr. Hermann Kolesch, Leiter des Weinberatungsteam „Weinbau in Franken" vertritt die Ansicht, dass sich der Grundnutzen aus der Ware an sich sowie der immanenten technischen Qualität, dem Geruch, dem Geschmack, der Auszeichnungen und der Lage, aus der der Wein stammt, zusammensetzt.[195] Der Zusatznutzen setzt sich, nach Meinung von Dr. Hermann Kolesch, aus Produkterlebnis, Winzerpersönlichkeit, Emotionen, Kulturlandschaft, Status, Image sowie Architektur und Design zusammen. Prof. Dr. Dieter Hofmann, Fachgebietsleiter für Betriebswirtschaft und Marktforschung an der Forschungsanstalt in Geisenheim, hat eine etwas andere Auffassung über Grund- und Zusatznutzen des Weines. Für ihn ist der Grundnutzen der Geschmack, während bspw. Lifestyle, Design der Flasche sowie Prestige zum Zusatznutzen gehören.[196] Über den Zusatznutzen, der sich wie in Kapitel 3.2.5.1 beschrieben, in Erbauungsnutzen und Geltungsnutzen unterteilen lässt, können internationale Differenzierungen vorgenommen werden. Zum Erbauungsnutzen kann das Design der Flasche sowie deren Farbe und die Gestaltung der Etiketten gezählt werden. Zum Geltungsnutzen gehören Faktoren wie das Prestige der Marke bzw. des Weines an sich. Mit dem Ausschenken bzw. Trinken von qualitativ hochwertigem Wein kann v.a. in Ländern der *Neuen Welt*, wie den USA, ein hoher sozialer Status demonstriert werden.

Zu den Handlungsalternativen in der internationalen Produktpolitik zählt zunächst die Produktentwicklung, die in Produktinnovationen sowie -variationen und -differenzierungen unterteilt wird.

4.5.1.2. Produktentwicklung

Im ersten Schritt sollte die Frage geklärt werden, ob für den amerikanischen Weinmarkt eine Produktvariation oder -differenzierung der bestehenden Weine vorgenommen werden muss. Werden lediglich einzelne Produkteigenschaften des deutschen Weines für den Weinmarkt

---

[195] Vgl. Kolesch, Hermann: Präsentation: Reisen zum Wein, Die Architektur des Weins im Kontext des Tourismus, 2007, S. 11.

[196] Vgl. Hoffmann, Dieter: Präsentation: Verpackung für relevante Zielmärkte, 2004, S. 2.

in Amerika verändert, kann von einer Produktvariation gesprochen werden. Die veränderten Produkteigenschaften sollten aufgrund der unterschiedlichen Kultur in den Vereinigten Staaten auf die dortigen Kundenbedürfnisse angepasst werden. Bestandteile wie Etikett, Flaschengröße, Flaschenform oder -verschluss müssen auf ihre Tauglichkeit für den amerikanischen Weinmarkt geprüft werden.

Für die Etikettierung der Weine gelten beim Export in die USA spezielle Bestimmungen, sowohl auf bundesrechtlicher als auch auf bundesstaatlicher Ebene. Auf dem Etikett muss die genaue Produktterminologie erscheinen, z.B. Tischwein - „Table Wine".[197] Darüber hinaus muss der Name des deutschen Erzeugers bzw. Verpackers oder Abfüllers, die Bezeichnung des Landes, aus dem der Wein stammt sowie der Name und die Adresse des Importeurs angegeben werden. Der Alkoholgehalt in Volumenprozent ist ebenfalls ein vorgeschriebener Bestandteil des Etiketts. Es folgt ein Warnhinweis („government warning"), der auf allen alkoholischen Getränken stehen muss, die min. 0,5% vol. Alkohol haben und in den USA vermarktet werden. Diese Vorschriften können in anderen Ländermärkten abweichen, so dass keine standardisierte Etikettierung möglich ist. Wichtig ist, dass das Etikett die Angaben enthält, die die Konsumenten in den USA erwarten. Eine Rolle in diesem Zusammenhang spielt auch der Distributionsweg. Soll der Wein vornehmlich in Supermärkten verkauft werden, muss das Etikett verständlich, d.h. selbst erklärend sein, da dort selten Beratung angeboten wird. Zu viele Angaben verwirren die Kunden und können dazu führen, dass der Wein nicht gekauft wird.

Die bevorzugte Flaschengröße in den USA ist nicht zwingend die in Europa übliche 0,75l-Flasche. Viele US-amerikanischen Weintrinker bevorzugen größere Flaschen, z.B. 1,5l-Flaschen (Magnumflaschen). Ein Pro-

---

[197] Es handelt sich um einen Traubenwein, der nicht mehr als 14% Vol. aufweist.

jekt zur Zielgruppensegmentierung, das von Constellation Wines U.S. durchgeführt wurde, kam zu dem Ergebnis, dass von den sechs identifizierten Weinkonsumentengruppen, fast die Hälfte (46%) eher größere Flaschen mit 1,5l bevorzugen.[198] Die Veränderung der Flaschenform kann eine Variationsmöglichkeit sein, um besser auf die Kundenbedürfnisse in den USA eingehen zu können. In einigen deutschen Weinanbaugebieten wurde ein spezielles Flaschendesign entworfen, dass die Weine von anderen Weinanbauregionen in Deutschland differenzieren soll (Bsp. Bocksbeutel (Franken), Flöte (Rheingau)). Laut Aussage von Sonja Höferlin, Weingutsleitung des Weinguts Bürgerspital zum Heiligen Geist (Würzburg), kann dies in den USA zu Akzeptanzproblemen führen.[199] Es muss untersucht werden, ob eine einheitliche Flaschenform für deutsche Weine auf dem amerikanischen Weinmarkt eine sinnvolle Alternative wäre und wie diese aussehen müsste. Eine Differenzierung von der Konkurrenz (heimischen und anderen importierten Weinanbietern) erscheint sinnvoll. Dieser Ansatz würde eine Differenzierungsstrategie für den US-Weinmarkt darstellen.

Von einer Produktdifferenzierung würde man sprechen, wenn das Produkt länderspezifisch auf die jeweiligen Kundenbedürfnisse zugeschnitten ist, z.B. nur für den Markt der USA hergestellt wird. Es stellt sich also die Frage, ob es sinnvoll wäre, einen Wein so auszubauen, dass er geschmacklich genau den Vorstellungen der amerikanischen Weintrinker entspricht. Viele der US-amerikanischen Weinkonsumenten bevorzugen Geschmacksstile, die sich von denen der Konsumenten in traditionellen Weinregionen unterscheiden. Weintrinker in Ländern ohne historisch gewachsene Weinkultur trinken Weiß- und Rotweine gerne

[198] Vgl. Constellation Wines U.S.: Project Genome - Understanding the DNA of the premium wine consumer, Home and Habits, zur Verfügung gestelltes Material des Deutschen Weininstitut GmbH, 22.07.08, p. 12.

[199] Vgl. Höferlin, Sonja: Antwort: WG: Weinexport in die USA – Master Thesis, hoeferlin@buergerspital.de, 05.08.08.

mit einer mehr oder weniger stark ausgeprägten Restsüße, während säurebetonte Weißweine und tanninbetonte Rotweine von diesen Verbrauchern eher abgelehnt werden.[200] Die geschmackliche Produktdifferenzierung für den amerikanischen Markt kann zum Erschließen des Marktes genutzt werden. Dabei kann die Bekanntheit deutscher Weine und ein entsprechendes Image auf- und ausgebaut werden. Dass eine Produktdifferenzierungsstrategie sinnvoll sein kann, zeigen die Entwicklungen auf dem französischen Weinmarkt. Die Winzer in Frankreich scheuen sich vor Veränderungen ihrer gewohnten Weinqualitäten, was in den letzten Jahren dazu beigetragen hat, dass Frankreich erhebliche Verluste gegenüber den Anbietern der *Neuen Welt* verzeichnen musste.[201] Es gibt bereits deutsche Winzer, die Weine speziell für den amerikanischen Markt produzieren. Als Beispiel kann das Weingut Reichsrat von Buhl in der Pfalz angeführt werden. Dieses produziert zwei Weine, die exklusiv für den US-Weinmarkt entstanden sind und nur dort vermarktet werden. Diese Weine unterscheiden sich sowohl in ihrer äußeren Form, d.h. Flaschenform und -größe sowie Etikett, als auch in ihrer Qualität von den Weinen, die das Weingut für andere bzw. den deutschen Markt herstellt.[202] Worin sich die speziell für den amerikanischen Markt hergestellten Weine unterscheiden, wollte das Weingut aus Gründen des Wettbewerbs nicht preisgeben.

Produktinnovationen können als weitere Möglichkeit betrachtet werden, um auf dem Markt erfolgreich zu bleiben bzw. zu werden. Allerdings sind Innovationen mit hohen Risiken verbunden. Während mit erfolgreichen Innovationen das Überleben eines Unternehmens langfris-

---

[200] Vgl. Hoffmann, Dieter: Der Weinmarkt in der Welt, in: Agrarwirtschaft 57, Heft 1, 2008, S. 80.

[201] Vgl. Hoffmann, Dieter: Der Weinmarkt in der Welt, in: Agrarwirtschaft 57, Heft 1, 2008, S. 80.

[202] Vgl. Graf, Christoph: Re: Fw: Weinexport in die USA - Master Thesis, graf@reichsrat-von-buhl.de, 12.08.08.

tig gesichert werden kann, ist das Risiko, dass die Innovation ein Misserfolg wird, relativ hoch. Wurde ein deutscher Wein bisher nicht in den USA vermarktet und dort neu eingeführt, kann ebenfalls von einer Innovation gesprochen werden. Innovationen in Bezug auf Wein können in vielfacher Art wahrgenommen werden: Bei der Weinherstellung, dem Weinausbau, der Verarbeitung oder am Endprodukt, dem Wein selbst. Innovationen auf dem amerikanischen Markt können insofern interessant sein, als dass das Weintrinken hier an neuer Popularität gewinnt und die Menschen offener für Neues sind als in traditionellen Weinregionen. Der US-Weinmarkt kann auch als Testmarkt für Innovationen dienen, die nach erfolgreicher Testphase in weiteren Ländern etabliert werden können. Eine mögliche Innovation, die v.a. auf dem US-amerikanischen Markt erfolgreich sein könnte, sind Weinmixgetränke mit und ohne Alkohol. Die US-Amerikaner trinken bspw. gerne mit Coca-Cola gemixten Rotwein. Für den Winzer hätte diese Innovation den Vorteil, dass er qualitativ minderwertigeren Wein vermarkten könnte. Eine Innovation wäre es ebenfalls, den Wein bzw. die Weinmixgetränke in den USA in Dosen anzubieten.

4.5.1.3. Leistungsprogramm

Bei Betrachtung des gesamten Leistungsprogramms der deutschen Weingüter zeigt sich eine große Bandbreite an verschiedenen Weinen. Das Spektrum reicht von einer großen Sortimentsbreite zu einer ebenso umfangreichen Sortimentstiefe. Die Sortimentsbreite umfasst die unterschiedlichen Qualitätsstufen (Tafelweine, QbA-Weine, Kabinettweine, Spätlesen, Auslesen evtl. auch Eisweine) sowie Sekte. Dazu kommt die Vielzahl der verschiedenen Produktvarianten, basierend auf Unterscheidungskriterien wie Rebsorten, Lagen (Terroir), Jahrgänge oder Geschmacksrichtungen (trocken, halbtrocken oder lieblich).[203] Es stellt sich

---

[203] Vgl. Schätzel, Otto: Wein erfolgreich vermarkten, 1998, S. 32f.

die Frage, ob eine Vermarktung des gesamten Sortimentsumfangs der deutschen Weine in den USA sinnvoll ist. Um diese Frage beantworten zu können, müssen die Kundenwünsche und -bedürfnisse untersucht werden. Die US-Amerikaner trinken weniger trockene und feinherbe Weine, sondern bevorzugen Weine mit einem bestimmten Anteil Restsüße. Eine Reduzierung der Sortimentstiefe in Bezug auf die Geschmacksrichtungen erscheint sinnvoll. Ebenso sollte eine spezifische Auswahl an Rebsorten getroffen werden. Die US-Amerikaner trinken vornehmlich Chardonnay und Cabernet Sauvignon. Diese Rebsorten werden in Deutschland nicht oder nur in geringen Mengen angebaut. Beliebt ist in den USA auch das Trinken der Weinrebsorte Riesling, die vornehmlich in Deutschland angebaut wird. Riesling kann unter Umständen als sog. Türöffner eingesetzt werden, um deutsche Weine populärer zu machen. Hat sich ein gutes Image für deutsche Weine etabliert, muss versucht werden, weitere deutsche Spezialitäten zu vermarkten. Beispielsweise hat im letzten Jahr die Exportmenge deutscher Rotweine deutlich zugenommen. Die Vermarktung eines vergleichsweise leichten Rotweines (z.B. deutscher Spätburgunder) mit niedrigerem Alkoholgehalt sollte forciert werden.

Eine weitere Selektion, die bei der Betrachtung des Sortimentsspektrums vorgenommen wird, passiert auf der Ebene der verschiedenen Qualitätsstufen. Ein Verkauf aller Qualitätsstufen ist in den USA wenig erfolgversprechend. Insgesamt ist für den Export in die USA eine Reduzierung des Sortiments sinnvoll. In Bezug auf die strategische Ausrichtung der Produktentwicklung scheint eine Sortimentsergänzung mit speziell für den Weinmarkt in den USA hergestellten Weinen erfolgversprechend.

4.5.1.4. Markenpolitik

Die Markenpolitik für deutsche Weine ist insbesondere für die Exportmärkte ein aktuelles und viel diskutiertes Thema. Zunächst sollte geklärt werden, was ein Markenwein überhaupt ist und was ihn gegenüber einem Nichtmarkenwein charakterisiert. In der wirtschaftswissenschaftlichen Literatur ist die Marke ein Name, Begriff oder ein Zeichen, Symbol, eine Gestaltungsform oder Kombination aus diesen Bestandteilen mit dem bzw. denen ein Produkt bzw. Dienstleistung eines Anbieters gekennzeichnet wird, um sich von Konkurrenzprodukten abzugrenzen.[204] Viele Marken sind mehr als ein Name, Symbol o.ä., da mit ihnen Eigenschaften verbunden werden, die dem Konsumenten Orientierung und Vertrauen geben sollen. Aufgrund dieser Erklärung lässt sich auch Markenwein abgrenzen. Dieser lässt sich als gleichbleibender Wein, möglichst jedes Jahr wieder erkennbar in Farbe, Form, Klang und Geschmack charakterisieren. Dies kann auf höchstem Qualitätsniveau der Fall sein. Markenweinen stehen sog. „Terroir- bzw. Lagenweine" gegenüber. Terroir bedeutet Individualität bezogen auf die Beschaffenheit der Böden und unterschiedliche Ausprägungen der Jahrgänge, abhängig davon, wie das Klima in der Vegetationszeit der Trauben verlaufen ist.[205] Es gibt Winzer und Weingüter, die bevorzugt Terroirweine ausbauen, andere hingegen pflegen eine Vorliebe für Markenweine. Das Weingut Langwerth von Simmern (Rheingau) hat das Terroir zur Grundlage seiner Weine gemacht. Unterschiedliche Bodenstrukturen und unterschiedliche klimatische Bedingungen lassen sich aus dem Wein herausschmecken. Für andere Weingüter spielt das Terroir keine Rolle mehr. Stefan Breuer (Rheingau) sieht in jeder Lage ein gewisses Potenzial, das er optimal in einem Cuvée[206] nutzen möchte. Auf seinen Weinen stehen auf dem Etikett lediglich noch Rebsorte und Qualitäts-

---

[204] Vgl. Kotler, Philip/ Bliemel, Friedhelm: Marketing-Management, 10. Auflage, 2001, S. 736.

[205] Vgl. Hubert, Wolfgang: Kein Gau am Rhein, in: Vinum, Juli/August 2008, S. 38.

[206] Ein Cuvée ist ein Verschnitt aus Trauben, Mosten oder fertig vergorenen Weinen. (Vgl. F.A. Brockhaus, Mannheim (Hrsg.): Der Brockhaus Wein, 2005, S. 133).

stufe, aber keinerlei Hinweise auf die Lage der Reben, aus der der Wein stammt.[207] Diese klaren Profile sind eher die Ausnahmen unter den deutschen Weinen. Viele Weingüter bieten ein Mix aus Marken- und Terroirweinen. Mit dieser uneinheitlichen Markenpolitik der deutschen Weine wird der Kampf gegen die wachsende Konkurrenz, besonders aus Ländern der *Neuen Welt*, immer schwieriger. Die Australier und die US-Amerikaner (darunter hauptsächlich die Kalifornier) erzeugen große Marken, die sie auf dem US-Weinmarkt anbieten. Zu den weltweit stärksten Weinmarken zählen Gallo (USA), Robert Mondavi (USA), Yellowtail (Australien) und Jacobs Creek (Australien). Die deutschen Weingüter sind i. d. R. nicht groß genug, um den großen Marken aus den USA oder Australien ein ernst zu nehmender Konkurrent zu sein. Trotzdem sind die Vorteile einer einheitlichen Markenpolitik nicht von der Hand zu weisen. Eine starke Marke bildet beim Kunden eine klare Erwartungshaltung bezüglich des Weines. Die Marke dient der Kundenbindung und stellt sich für den amerikanischen Weinkonsument als weniger komplex dar. Es bedarf keinerlei Kenntnisse über die verschiedenen deutschen Qualitätsbezeichnungen. Die Weinauswahl am PoS kann schnell und unkompliziert erfolgen. In den USA gilt der Wein auch als ein Statussymbol, das anhand einer qualitativ hochwertigen Marke vor Freunden und Bekannten demonstriert werden kann. Unbekannte Terroirweine hingegen können den Konsumenten verunsichern. Viele amerikanische Konsumenten haben nicht genug Weinwissen, um die verschiedenen deutschen Terroirs herauszuschmecken bzw. sich darunter einen bestimmten Geschmack vorstellen zu können.

Insgesamt ist es bei einer polypolistischen Marktstruktur für das einzelne deutsche Weingut schwierig, eine einheitliche Marke zu schaffen und zu vermarkten. Allerdings gibt es auch die Möglichkeit regionale

---

[207] Vgl. Hubert, Wolfgang: Kein Gau am Rhein, in: Vinum, Juli/August 2008, S. 36f.

Marken, d.h. Marken der Anbaugebiete in Deutschland, oder eine deutsche Gesamtmarke zu kreieren.

In Australien, wo sich die Weinwirtschaft zu 80% auf wenige große Kellereien konzentriert, ist es einfacher, eine gute, gemeinsame Markenstrategie zu erarbeiten.

4.5.1.5. Servicepolitik

Die Servicepolitik gewinnt kontinuierlich an Gewicht. Die immer homogener werdenden Produkte unterscheiden sich hauptsächlich durch die Servicepolitik. Dies muss nicht nur bei Industriegütern der Fall sein, auch bei Wein gibt es Möglichkeiten über die Servicepolitik eine USP herauszustellen. Der angebotene Service muss sich nicht ausschließlich auf den amerikanischen Endverbraucher im Sinne einer Business-to-Consumer (B-to-C)-Beziehung orientieren, sondern kann sich im Sinne einer Business-to-Business (B-to-B)-Konstellation, an den Groß- und Einzelhandel oder an Restaurants richten. Ein Service, der im Vorfeld des Weinkaufes angeboten werden kann, könnte ein Weinseminar mit Weinprobe für Weinverkäufer oder eine Einladung von Sommeliers namhafter Restaurants in den USA zu einer Verkostung. Dies sind Möglichkeiten, um den Kunden die deutschen Weine näher zu bringen. Zum After-Sales-Service kann beim B-to-C-Kontakt eine Rückfrage nach der Zufriedenheit der gekauften Weine gehören oder das Versenden von Presseartikeln, wenn der gekaufte Wein Auszeichnungen bzw. eine positive Kritik erhalten hat. Ersteres kann ein gutes Instrument sein, um Informationen über die Zufriedenheit der Endkunden mit den angebotenen Weinen zu erhalten. Es gibt darüber hinaus noch weitere Mittel (z.B. das Angebot von Probierpaketen, die Gewährung von Geburtstagsrabatten oder die Einladungen zu kulturellen Veranstaltungen), um die Servicepolitik auszubauen, mit dem Ziel sich gegenüber der starken Konkurrenz zu profilieren.

4.5.2. Preispolitik

4.5.2.1. Grundlagen zur Preispolitik für deutsche Weine in den USA

Die Preispolitik umfasst alle Entscheidungen, die im Zusammenhang mit der Wahl einer Preisstrategie sowie der Preisbestimmung stehen. Für eine Strategie im Rahmen der Preispolitik muss zunächst festgelegt werden, wie die Weine in den USA preislich positioniert werden sollen. Daher ist zu klären, ob auf allen bearbeitenden Ländermärkten ein einheitlicher Preis, d.h. Preisstandardisierung oder eine Preisdifferenzierung (unterschiedliche Preise) Anwendung finden sollen. Grundsätzlich sind Preise für Wein von mehreren Faktoren abhängig, die von Land zu Land unterschiedlich sein können. Dazu zählen z.B. tarifäre und nicht-tarifäre Handelsbestimmungen (Zölle, Steuern etc.), unterschiedliche Einkommen und damit Kaufkraft sowie unterschiedlich hohe Konkurrenzpreise. Daher ist eine Anpassung der Preise auf länderspezifische Besonderheiten sinnvoll. Das Potenzial zur weltweiten Standardisierung der Preise für Weine ist eher gering. Die potenziell besseren Möglichkeiten, für bestimmte Weine in den USA höhere Verkaufspreise und Absatzmengen durchzusetzen, machen diesen Ländermarkt besonders interessant für deutsche Weingüter bzw. -kellereien. Die Preisdifferenzierungen können in einem großen Land wie den Vereinigten Staaten sogar von Bundesstaat zu Bundesstaat verschieden sein. Die tarifären Handelsbestimmungen variieren in jedem Bundesstaat. Höhere Verkaufspreise können trotz einer bereits in der Branchenstrukturanalyse erwähnten hohen Preissensibilität der Abnehmer besser durchgesetzt werden, weil Wein in den USA generell teurer ist als bspw. in Deutschland.

Eine Rolle bei den Preisdifferenzierungen spielt die Frage, über welchen Distributionskanal die Weine letztendlich verkauft werden sollen. In den USA kann zwischen Einzelhandels- und Gastronomieketten, unabhängigen Einzelhändlern und gastronomischen Betrieben sowie einer

Kombination dieser gewählt werden. Die Kettenbetriebe zahlen zwar geringere Preise, profitieren aber von ihrer Abnehmerstärke. „Chains tend to demand lower prices from wineries, reflecting their buying power, and they insist on uniform pricing across their markets".[208] Andererseits können über größere Ketten höhere Mengen abgesetzt werden und entsprechend Degressionseffekte („economies of scale") erzielt werden. „Pricing strategies will differ from outlet to outlet, and profit calculations will be needed for each".[209] Für die deutschen Weingüter, von denen die wenigstens über eine ausreichend große Produktionsmenge verfügen, scheint der Vertrieb über unabhängige Einzelhändler und Gastronomiebetriebe daher erfolgversprechender. Die durchsetzbaren Preise für Weine können in diesem Fall in New York anders aussehen als in Alaska.

Mit der Positionierung des Preisniveaus eines Weines wird mixübergreifend eine stringente Strategie verfolgt. Ein hohes Preisniveau kann mit einer hohen Produktqualität, einer idealen Kommunikation dafür und einer passenden Distributionsstrategie verbunden werden.

4.5.2.2. Preisstrategie

Grundsätzlich sprechen mehr Aspekte für die Wahl einer Skimmingstrategie für den Absatz deutscher Weine auf dem US-Weinmarkt. Durch die hohen Einführungspreise bei dieser Form des Markteintritts können die verschiedenen Risiken, wie Währungsrisiken oder Transportrisiken, finanziell besser abgesichert werden. Da in den USA generell eine höhere Zahlungsbereitschaft für Weine vorhanden ist (siehe Abbildung 6) und das Konsumieren von qualitativ höherwertigen Wei-

---

[208] Vgl. Moulton, Kirby/ Lapsley James: Successful wine marketing, Aspen Publishers, 2001, p. 119.

[209] Vgl. Moulton, Kirby/ Lapsley James: Successful wine marketing, Aspen Publishers, 2001, p. 119.

nen (Qualitätsweinen) im Trend ist, kann die sog. Konsumentenrente[210] abgeschöpft werden. Die Bedingung, dass das Produkt nicht durch andere Produkte substituiert werden kann, wird diesem Falle nicht erfüllt. Die hohen Preise erhöhen die Gefahr, dass ein preisgünstigeres Getränk (z.B. Bier) bzw. ein preisgünstigerer Wein am PoS gewählt wird. Die Schaffung eines USP's sowie eine klare Differenzierung von den Wettbewerbern kann diese Gefahr abschwächen. Für die Nutzung der Skimmingstrategie sprechen auch die geringeren benötigten Kapazitäten. Die deutschen Weingüter haben meist durch ein vergleichsweise kleines Produktionsaufkommen und weniger Anbauflächen geringere Kapazitäten und könnten eine größere Nachfrage nicht befriedigen.

Gegen die Penetrationsstrategie spricht, dass den deutschen Weingütern die finanziellen Mittel fehlen, um die Einführungspreise bei dieser Strategie unter dem gewinnmaximalen Preis festzulegen. Nach Einführung der Weine am Markt ist bei der Penetrationsstrategie die Preisentwicklung offen und alle Möglichkeiten (Preissenkung, -erhöhung oder konstante Preise) denkbar. Beispielsweise wären bei einem langfristig konstant niedrigen Preis die importierten Weine gegenüber den heimischen, amerikanischen Weinen kaum konkurrenzfähig, da die Kosten für den Export bzw. die Markteintrittsbarrieren (tarifäre und nichttarifäre Handelshemmnisse) zu hoch sind. Ein Preiskampf an der Preisuntergrenze für Importweine ist wenig erfolgversprechend. Darüber hinaus entspricht das Ziel der Strategie, möglichst schnell Marktanteile zu gewinnen, nicht dem Ziel der deutschen Weingüter. Für deutsche Weine sollte es im Vordergrund stehen, ein Image aufzubauen, das für gute Qualität steht. Dieses Ziel ist nicht vereinbar damit, dass die Weinkonsumenten vom Preis des Weines auf dessen Qualität schließen. Voraussetzung für die Penetrationsstrategie ist, dass die

---

[210] Die Konsumentenrente ist die Differenz zwischen der Zahlungsbereitschaft der Konsumenten und gezahltem Preis.

Nachfrager nicht zu einer preisorientierten Qualitätsbeurteilung neigen. Die erforderlichen Kapazitäten, die im Vergleich zur Skimmingstrategie höher ausfallen, können, wie bereits beschrieben, nicht aufgebracht werden.

Nach Festlegung der Preisstrategie muss der Preis gefunden werden. Die drei bereits in Kapitel 3.2.5.2 beschriebenen Methoden finden auch beim Export von deutschem Wein in die USA Anwendung.

4.5.2.3. Preisfindung

Da bei der kostenorientierten Preisfindung auf ein Kalkulationsschema zurückgegriffen werden kann, ist diese Methode einfach und wenig zeitaufwändig. In diesem Schema werden sämtliche Kosten, die mit dem Export des Weins zusammenhängen, berücksichtigt. Damit kann eine Preisuntergrenze festgelegt werden, die allerdings weder Wettbewerb noch Nachfrager berücksichtigt. Da die Kosten für die Einfuhr in die USA in den Bundesstaaten verschieden sein können, sollte die Kalkulation für jeden einzelnen Staat, in den die Ware geliefert wird, durchgeführt werden. Ein Beispiel für eine solche Kalkulation liefert die folgende Abbildung.

Abbildung 28: Preiskalkulation vom Weingut zum Endverbraucher

Cost Classification	USD per Case
Price at winery	20,00
Freight, taxes and fees	8,70
Importer markup	7,00
Cost to wholesaler	35,70
Wholesaler markup	10,30
Cost to retailer	46,00
Retailer markup	24,00
Cost to consumer	70,00 or about --> 5,80 USD per bottle

Quelle: In Anlehnung an Moulton, Kirby/ Lapsley James: Successful wine marketing, Aspen Publishers, 2001, p. 81.

Bei der Preisfindung mit dem konkurrenzorientierten Ansatz wird das Preisverhalten der Wettbewerber analysiert und Alternativen für mögliche Reaktionen erarbeitet. Eine Reaktion kann bspw. das bewusste Über- oder Unterbieten der Konkurrenzpreise sein. Die deutschen Weinanbieter sollten ihre Preise daher an ihren Konkurrenten ausrichten, die ähnliche Weine in den USA vermarkten. Bei den deutschen Rieslingweinen besteht der Vorteil, dass es weltweit nur wenige Anbaugebiete gibt, die den Riesling in ähnlicher Qualität ausbauen können. Der kleinere Wettbewerb sorgt für weniger Preissensibilität sowohl bei den Abnehmern auf Seiten des Handels als auch bei den Endverbrauchern. Trotzdem besteht die Gefahr, dass der Kunde evtl. zu den günstigeren Weinen der Konkurrenz greift, wenn er keinen Vorteil am teureren Wein erkennen kann, der den höheren Preis rechtfertigt.

Die nachfragerorientierte Preisfindung berücksichtigt die Konsumenten, die die festgelegten Preise letztendlich zahlen sollen. Die Nachfrager sind oftmals ein Grund dafür, dass Preise lokal festgelegt werden und es keinen standardisierten Einheitspreis gibt. Der Ansatz dieser Preisfindung beruht auf dem mathematischen Prinzip - der Preis-Absatz-Funktion. Einfluss auf die Preisbereitschaft der Konsumenten, in diesem Fall der US-Amerikaner, können die konjunkturelle Lage in den USA, das monatlich zur Verfügung stehende Haushaltseinkommen oder Trends bezüglich Essen und Trinken sein. Auf der Stufe der Absatzmittler haben die bereits in der Branchenstrukturanalyse beschriebene Preissensibilität des Groß- und Einzelhandels sowie der Restaurants Einfluss auf die Preisfindung. Als Beispiel können die durchschnittlichen Preise für einen Liter Wein verglichen werden. In Großbritannien erhält ein deutscher Winzer für einen Liter Wein lediglich 1,52 EUR, in Russland nur 1,31 EUR. Über dem erzielten Preis in den USA von 3,55 EUR/l liegt lediglich Japan, wo etwa 3,79 EUR/l erwirtschaftet werden können.[211] Um Arbitrageproblematiken zu vermeiden, sollte ein Preiskorridor festgelegt werden, in dem sich der letztendlich festgelegte Preis bewegen sollte.

Insgesamt versuchen die deutschen Weingüter z.Zt. viele ihrer hochpreisigen Weine in den USA zu vermarkten, da die Weinkonsumenten hier weniger preissensibel sind und es keine klar definierten Preisober- oder -untergrenzen gibt.

Die Konditionenpolitik wie Rabatt- und Kreditpolitik oder Zahlungsbedingungen muss im Zusammenhang mit der Preispolitik erwähnt werden, soll aber in dieser Arbeit eine eher untergeordnete Rolle spielen. „What the winery should remember is that everybody wants a deal – some sort of concession."[212] Ganz gleich, wie diese Zugeständnisse aus-

---

[211] Vgl. www.germanwine.de/10861+M55a73c02375.html?&tx_ttnews%5Btt_news%5D=162, abgerufen am 05.06.08.

[212] Moulton, Kirby/ Lapsley James: Successful wine marketing, Aspen Publishers, 2001, p. 118.

sehen und an welche Abnehmer sie sich richten, müssen Weinvermarkter bei ihrer Strategie bezüglich der Konditionenpolitik alle Kunden berücksichtigen.

4.5.3. Kommunikationspolitik

4.5.3.1. Besonderheiten der Kommunikationspolitik in den USA

Bei der Kommunikationspolitik geht es um die Übermittlung von Produktinformationen an potenzielle Käufer der Produkte. In den Vereinigten Staaten muss die Kommunikation aufgrund des „three-tiered" Distributionssystems an mehrere Kundengruppen gerichtet werden. Für die Kommunikation stehen dem exportierenden Unternehmen viele Instrumente zur Verfügung, von klassischer Werbung über Sponsoring bis hin zur Online-Kommunikation. Eine Standardisierung der Kommunikation in allen Ländern, die bearbeitet werden sollen, ist nicht möglich. In einigen Ländern unterliegt die Werbung für alkoholische Getränke gesetzlichen Beschränkungen. Teilweise dürfen bestimmte spezifische Medien nur begrenzt eingesetzt werden oder die Werbezeiten und Werbefrequenzen sind vorgeschrieben.

Bevor eine Kommunikationsstrategie für einen Ländermarkt erarbeitet werden kann, bedarf es einer Analyse des Landes u.a. bezüglich kultureller und sprachlicher Gegebenheiten, der Medienstrukturen (Art und Verfügbarkeit) und Personengruppen (Zielgruppen). In den USA ist Werbung für alkoholische Getränke in klassischen Werbeträgern wie Fernsehen (TV), Zeitungen und Zeitschriften grundsätzlich erlaubt. Nicht jedes Kommunikationsinstrument kann für die Bewerbung von Weinen effektiv und effizient eingesetzt werden. Beispielsweise ist TV ein Massenmedium, das sich aufgrund hoher Streuverluste für die Bewerbung eines Nischenprodukts, wie z.B. deutsche Weine, nicht eignet. Daher muss anhand einer Strategie genau geplant werden, welche

Kommunikationsinstrumente in welchem Umfang zum Einsatz kommen sollen.

4.5.3.2. Kommunikationsziele und Zielgruppen

Zunächst werden die Kommunikationsziele als Ausgangspunkt für die nachfolgende strategische Kommunikationsplanung bestimmt. Ein messbares Marketingziel in den USA kann z.B. eine Absatzsteigerung von deutschem Wein um einen bestimmten Prozentsatz in einem vorgegebenen Zeitraum im Mittel- oder Hochpreissegment sein. Auf Grundlage der Marketingziele können die Kommunikationsziele formuliert werden. Dies könnte eine Imageänderung des deutschen Weins in den Vereinigten Staaten sein. Den US-Amerikanern wäre zu vermitteln, dass der deutsche Wein zum besten Wein der Welt gehört, er eine geschmacklich weltweite Einzigartigkeit besitzt und Teil eines modernen Lebensstils ist. Des Weiteren könnte der amerikanischen Zielgruppe vermittelt werden, dass deutsche Weine nicht immer „billig" und „süß" gemäß der in Amerika bekannten Liebfrauenmilch sind. Dieses Kommunikationsziel ist ein Beispiel für ein psychographisches Ziel, das länderspezifisch, oftmals sogar intranational zielgruppenspezifisch formuliert werden muss.

Anschließend sind die Zielgruppen zu identifizieren, die mit der Botschaft erreicht werden sollen. Beispiel einer möglichen Zielgruppe für den deutschen Wein in den USA sind die „Millennials", die eine Kernzielgruppe für deutsche Weine darstellen. Die „Millennials" zeichnen sich durch eine große Offenheit gegenüber importierten Weinen aus. Vier von zehn der gekauften Weine in der Zielgruppe sind importierte Weine. Im Vergleich zur Quote der importierten Weine (27%) am Gesamtmarkt in den USA ist der Konsum von importierten Weinen in der Zielgruppe der „Millennials" überproportional hoch (40%). Darüber hinaus haben sie eine große Aufgeschlossenheit gegenüber Innovationen. Der Wein wird von der Zielgruppe als ein Getränk gesehen, das in

Maßen der Gesundheit dient und qualitativ hochwertig ist. Das Mediennutzungsverhalten kann auch ein Kriterium zur Unterscheidung der Zielgruppen von anderen Gruppen sein. „Millennials" lesen überwiegend Weinzeitschriften und Tageszeitungen und nutzen persönliche Empfehlungen als Informationsquelle.[213]

4.5.3.3. Kommunikationsstrategie und -instrumente

Auf dieser Grundlage kann nun eine Kommunikationsstrategie ausgearbeitet werden, in der festgelegt wird, welche Inhalte über welchen Kommunikationskanal bzw. über welches Instrument vermittelt werden sollen. Bei der Auswahl der Kommunikationsinstrumente stellt sich nicht nur die Frage, über welchen Kanal die Zielgruppe am Besten erreicht werden kann. Die Beschaffenheit des zu bewerbenden Produkts und die gesamte Branchenstruktur bestimmten die Wahl der Werbeträger. Sollen die Endverbraucher mit der Kommunikationsbotschaft erreicht werden, könnte ein Kommunikationsmix wie folgt gestaltet sein.

Klassische Werbung

Bei der klassischen Werbung stehen Printwerbung (Zeitschriften und Tageszeitungen) sowie TV, Radio und Außenwerbung zur Wahl. Anzeigen in Zeitschriften, die sich speziell an Weininteressenten richten (sog. Special-Interest-Titel), sind weit verbreitet. In den USA hat der Special-Interest-Titel Wine Spectator mit rund 2,1 Mio. Lesern die höchste Reichweite. „...around 80% having a wine cellar or private collection, purchasing wine by the case and/ or reading every issue."[214] Leser von Special-Interest-Titeln für Wein wie dem Wine Spectator gelten als „high involved" Konsumenten und sind potenzielle Käufer und Kon-

---

[213] Vgl. Deutsches Weininstitut GmbH (Hrsg.): Deutscher Wein Exportbrief 1/08, 2008, S. 28.

[214] Hall, Michael, C. / Mitchell, Richard: Wine Marketing - A practical Guide, 2008, p. 230.

sumenten von Premiumweinen.[215] In den USA ist Werbung im TV für Weine grundsätzlich zulässig. Allerdings sind die Produktionskosten für einen TV-Spot sowie die Kosten für die Schaltung eines TV-Spots so hoch, dass sie das Marketingbudget der meisten Weingüter in Deutschland übersteigen. Zudem ist das TV ein Massenmedium, das hohe Streuverluste verursacht, d.h. Personen mit der Werbung erreicht werden, die nicht zur definierten Zielgruppe gehören.

Außenwerbung

Außenwerbung und Werbung an Bussen sind ebenfalls eine effektive Möglichkeit zur Erreichung einer großen Reichweite. Brauereien setzen dieses Instrument mit innovativen und humorvollen Ideen erfolgreich ein. Es wäre zu analysieren, inwieweit die genutzten Werbekanäle für Bierwerbung auch für die Kommunikation des deutschen Weins in den Vereinigten Staaten erfolgversprechend angewendet werden kann.

Verkaufsförderung

Mit der Verkaufsförderung kann neben der B-to-C-Kommunikation mit Endverbrauchern am PoS auch die B-to-B-Kommunikation durchgeführt werden. Dazu gehören neben dem Groß- und Einzelhandel wie Supermarktketten, kleinen unabhängigen Einzelhändlern und Fachgeschäften für Weine auch Restaurants. Um den Endverbrauchern den deutschen Wein am PoS näher zu bringen und neue Kunden zu gewinnen, bieten sich kleine Verkostungen, Sonderangebote, die Aufstellung von Displays etc. an. Es gibt noch zahlreiche weitere Möglichkeiten für Maßnahmen am PoS, die die Aufmerksamkeit der Endkunden erreichen und zum Kauf von deutschen Weinen animieren können. Bei der B-to-B-Kommunikation steht ebenfalls die Bekanntmachung der Vorzüge der deutschen Weine im Mittelpunkt. Mit Seminaren und Vertriebs-

---

[215] Vgl. Hall, Michael, C. / Mitchell, Richard: Wine Marketing - A practical Guide, 2008, p. 230.

schulungen für Verkaufsmitarbeiter kann neben Wissen über deutschen Wein auch eine Fachweinprobe verbunden werden. Als Beispiel wurden in den USA bereits sog. Retail Promotions durchgeführt, die sich hauptsächlich auf spezielle Weinfachhändler konzentrierten. Hier hatten die Kunden die Möglichkeit, deutsche Weine zu probieren. In der Gastronomie gab es in der Vergangenheit in den USA für die Endkunden „Restaurant promotions". Die teilnehmenden Restaurants kreierten passend zu den deutschen Weinen spezielle Menüs.[216] Die jeweiligen Aktivitäten müssen länderspezifisch auf die gegebenen Strukturen und die Kultur abgestimmt werden, so dass hier keine länderübergreifende Standardisierung der strategischen Handlungsempfehlungen möglich ist.

Beim Sponsoring werden mit einer finanziellen Förderung Ereignisse unterstützt, die im öffentlichen Interesse stehen und zusätzliche Aufmerksamkeit durch die Massenmedien erhalten.[217] Mit dem Sponsoring von sportlichen, kulturellen oder sozialen Ereignissen sollen die kommunikativen Zielsetzungen unterstützt werden. Das Sponsoring dient der Bekanntmachung von Produkten und hat eine starke Wirkung auf das Image. Es ist eine vielversprechende Chance, die kommunikativen Ziele der deutschen Weingüter in den USA mit Hilfe des Sponsorings umzusetzen. Allerdings stellt sich die Frage, ob ein Sportsponsoring eine sinnvolle Wahl für das alkoholische Produkt „Wein" sein kann. Zunächst ist zu bedenken, dass ein Sportsponsoring mit hohen Kosten verbunden ist und je nach Sportart viele Streuverluste generiert werden. Bei Sportereignissen mit internationaler Aufmerksamkeit wie der Fußballweltmeisterschaft oder den olympischen Spielen erscheint der Wein als Sponsor weniger geeignet, während elitärere Sportarten wie Golf-

---

[216] Vgl. Schneider, Bruce: Exporting German Wines to the United States, zur Verfügung gestellte Präsentation des Deutschen Weininstituts GmbH, 2007, p. 15.

[217] Vgl. Bruhn, Manfred: Sponsoring, systematische Planung und integrativer Einsatz, 4. überarbeitete und erweiterte Auflage, 2003, S. 4f.

oder Segelturniere eher in Betracht kommen. Hier fallen auch die Streuverluste geringer aus. Für Wein bietet sich aber auch aus Imagegründen ein kulturelles Ereignis wie klassisches Konzerte, Vernissagen oder Theateraufführungen an. Dies hat den Vorteil, dass der Wein entsprechend in Szene gesetzt werden kann. Die Besucher des Events verbinden mit dem Wein ein emotionales Erlebnis. In den USA wurde bspw. die Mercedes-Benz Fashion Week durchgeführt. Der deutsche Wein war offizieller Sponsor von Mercedes-Benz und wurde auf den VIP-Partys zur Fashion Week ausgeschenkt.[218] Hierbei wurde das gute Qualitätsimage der deutschen Automobilmarke Mercedes-Benz mit dem deutschen Wein in Verbindung gebracht. Dies war eine hervorragende Möglichkeit für einen Imagetransfer der deutschen Automobilmarke auf den deutschen Wein. Dieses Sponsoring kann als Verbandswerbung bezeichnet werden, weil es nicht für eine spezielle Rebsorte oder Anbaugebiet, sondern für alle deutschen Weine aus den gesamten 13 Anbaugebieten umgesetzt wurde. Das Kommunikationsziel betrifft die Bekanntmachung und die Imageveränderung des deutschen Weines insgesamt. Sponsoring richtet sich mehrheitlich an Endverbraucher, d.h. die Weinkonsumenten. Hier ist eine länderübergreifende Standardisierung denkbar, wenn die Kernbotschaft sowie der Markenname des Produktes in allen Ländern gleich sind. Ein Event mit internationaler Medienpräsenz wäre in diesem Zusammenhang denkbar (z.B. der Wiener Opernball).

Direktkommunikation

Die direkte Kommunikation beinhaltet alle kommunikativen Aktivitäten, die darauf abzielen eine direkte und personalisierte Interaktion zwischen werbetreibenden Unternehmen und potenziellen oder aktuel-

[218] Vgl. Schneider, Bruce: Exporting German Wines to the United States, zur Verfügung gestellte Präsentation des Deutschen Weininstituts GmbH, 2007, p. 16.

len Kunden zu generieren.[219] Dieses Kommunikationsinstrument hat den Vorteil, dass tatsächlich nur die Personen erreicht werden, die mit der Botschaft auch angesprochen werden sollen. Es gibt demnach kaum Streuverluste. So besteht die Möglichkeit, dass ein deutsches Weingut Adressen potenzieller amerikanischer Endverbraucher kauft und ein entsprechendes Direct Mailing startet. Diese Art der Kommunikation eignet sich weniger zur Verbandswerbung, sondern eher für einzelne Weingüter oder Kellereien zur Bekanntmachung ihrer Weine. Direct Mailings haben den großen Nachteil, mit hohen Kosten verbunden zu sein: Der Kauf der Adressdaten, die Produktion des Mailings und die Einschaltung einer Agentur, die das Mailing in den USA versendet. Wird noch ein Responseelement in das Mailing integriert, muss hierfür ebenfalls ein Adressat in den USA gefunden werden. Ansonsten können Probleme bei der Erfolgskontrolle auftreten. Eine direkte Absatzsteigerung lässt sich nur schwer messen. Beabsichtigt der Absender des Mailings bspw. den Kauf eines Weinprobierpakets zu integrieren, erscheint ein Versand aus Deutschland nicht sinnvoll. Hier sollte ein spezieller Weinfachhandel in den USA eingebunden werden. Zu empfehlen ist ein Mailing in den fünf Bundesstaaten, in denen deutscher Wein besonders häufig getrunken wird (siehe Kapitel 2.2.2.2). Da auf diesem Weg die Kosten für das Mailing begrenzt werden können. Dieses Kommunikationsinstrument muss individuell eingesetzt werden, eine Standardisierung über mehrere Länder hinweg ist nicht möglich. Oftmals ist eine lokale Ausrichtung innerhalb eines Landes notwendig. In jedem Kulturkreis müssen die Menschen mit unterschiedlichen sprachlichen und bildlichen Elementen angesprochen werden.

Online-Kommunikation

---

[219] Vgl. Meffert, Heribert/ Burmann, Christoph/ Kirchgeorg, Manfred: Marketing, Grundlagen marktorientierter Unternehmensführung, Konzepte - Instrumente - Praxisbeispiele, 2008, S. 670.

Kotler und Bliemel fassen die Online-Kommunikation bzw. das Online-Marketing unter der direkten Kommunikation, dem Direktmarketing, zusammen.[220] Meffert wiederum versteht die Online-Kommunikation als einen separaten Bereich der kommunikationspolitischen Entscheidungen. Online-Marketing umfasst bei ihm alle Aktivitäten, die über das Internet Protocol (IP) ausgeführt werden. Meffert sieht durchaus Überschneidungen mit anderen Kommunikationsinstrumenten wie dem Direktmarketing (z.B. Newsletter). Darüber hinaus verfügt die Online-Kommunikation aber über spezifische Eigenschaften, die sie von anderen Instrumenten abgrenzt.[221] Klassisches Beispiel für die Online-Werbung ist die Bannerwerbung. Die Bannerwerbung ist mit der Anzeigenwerbung im Printbereich vergleichbar. Auf stark frequentierten Seiten können Markenlogos platziert werden, hinter denen sich nach einem Klick bspw. ein Hyperlink auf die eigene Homepage verbirgt. Auf der Homepage des Special-Interest-Titels Wine Spectator könnten Werbebanner für deutsche Weine geschaltet werden. Die Homepage der Zeitschrift zählt jeden Monat ungefähr 500 Tsd.[222] Visits[223]. Die Banner können auf die eigene Homepage verlinken, wo weitere Informationen über die Lage der Reben, die Herstellung, die Weine und das dahinter stehende Weingut zu finden sind. Darüber hinaus sollten Informationen zum Weinkauf und die Möglichkeit zur Kontaktaufnahme mit dem Weingut, vorhanden sein. Die Homepage sollte für US-Amerikaner in englischer Sprache verfügbar sein. Darüber hinaus könn-

---

[220] Vgl. Kotler, Philip/ Bliemel, Friedhelm: Marketing-Management, 10. Auflage, 2001, S. 1185f.

[221] Vgl. Vgl. Meffert, Heribert/ Burmann, Christoph/ Kirchgeorg, Manfred: Marketing, Grundlagen marktorientierter Unternehmensführung, Konzepte - Instrumente - Praxisbeispiele, 2008, S. 662.

[222] Vgl. Hall, Michael, C. / Mitchell, Richard: Wine Marketing - A practical Guide, 2008, p. 230.

[223] Ein Visit bezeichnet einen Besuch eines WWW-Angebots und definiert damit den Werbeträgerkontakt. Ein Visit gilt als beendet, wenn 30 Minuten lang kein Zugriff erfolgt ist.

ten sich die deutschen Weinvermarkter an der Versendung von Newslettern für weininteressierte Personen beteiligen. Der Wine Spectator versendet regelmäßig den Newsletter „Sip & Tips" an 200 Tsd. Abonnenten.[224] Über dieses Medium können Informationen über neu erhältliche Weine in den USA, Hinweise auf erhaltene Auszeichnungen für besondere Qualität der Weine oder andere Informationen zu deutschen Weinen kommuniziert werden. Beachtet werden sollte dabei, welche Inhalte die Zielgruppe genau wünscht. Diese können in verschiedenen Ländern und intranationalen Zielgruppen unterschiedlich sein. Positiv an dieser Form der Werbung ist, dass die erreichten Personen grundsätzlich affin für Themen rund um den Wein sind.

Blog-Marketing

Als ein relativ neuer Trend in der Online-Kommunikation gilt das Blog-Marketing, kurz Blog oder Weblog genannt. Hierbei handelt es sich um ein Online-Journal, das chronologisch sortierte Beiträge listet.[225] Die publizierten Beiträge können regelmäßig ergänzt werden, vergleichbar mit einem Tagebuch. Blogs können besonders gut zur Bekanntmachung und zur Imagepflege eines Produktes bzw. Unternehmens eingesetzt werden. Nutzt ein Unternehmen das Blog-Marketing zur internen und externen Unternehmenskommunikation, wird von Corporate Weblogs gesprochen.[226] Die deutschen Weingüter könnten diese sehr kostengünstige Werbeform nutzen, um den deutschen Wein unter den amerikanischen Verbrauchern bekannt zu machen und damit Imagepflege betreiben. Es gibt zahlreiche Blogs in englischer Sprache, die sich mit Themen rund um Wein beschäftigen, z.B. www.wineblog.blogspot.com oder

---

[224] Vgl. Hall, Michael, C. / Mitchell, Richard: Wine Marketing - A practical Guide, 2008, p. 230.

[225] Vgl. 1x1 des Bloggens, in: Direktmarketing Praxis, 04/2007, S. 22.

[226] Vgl. Holland, Heinrich: Guerilla, Viral, Podcasting, Blogs, Mobile - Die neuen Werbeformen, in: Direkt Marketing, 03, 2007, S. 30.

www.vinography.com. Das Weingut benötigt einen Blogger,[227] der regelmäßig positiv über seine Erfahrungen mit den deutschen Weinen in den Blogs berichtet. Die beschriebene Zielgruppe „Millennials" hat angegeben, dass sie oft auf Empfehlungen anderer Konsumenten Weine testet. Positive Erfahrungen wurden bereits in der Branche der Softwarehersteller in den USA gemacht. Das Unternehmen Marqui ermöglichte es 20 Bloggern, gegen Entgelt drei Monate lang über das Unternehmen und dessen Produkte in einem Blog zu schreiben. Sie mussten lediglich angeben, dass sie von Marqui bezahlt werden. Das Unternehmen konnte positive Ergebnisse aus dem Blog-Marketing registrieren. 43% mehr Kunden und zwölf neue Partnerschaften konnten verbucht werden.[228]

Wie aus den oben ausgeführten Erläuterungen deutlich wird, gibt es eine Vielzahl an Einsatzmöglichkeiten für die Online-Kommunikation. Mit diesem Instrument kann weltweit eine relativ hohe Reichweite erzielt werden, d.h. auf die Werbung bzw. Seiten kann sowohl national und international zugegriffen werden. Aus diesem Grund eignet sich das Medium besonders gut für die weltweite Kommunikation. Die Kosten sind im Vergleich mit anderen Kommunikationsinstrumenten gering. Darüber hinaus können die Unternehmen interaktiv mit den (potenziellen) Kunden in Kontakt treten. Online-Kommunikation unterstützt durch die Möglichkeit, viele Informationen ins Netz einzustellen, das Ziel, den deutschen Wein bekannt zu machen und sein Image zu pflegen. Sie eignet sich zudem zur Profilierung gegenüber Wettbewerbern.

Zeitlich betrachtet sollte die Kommunikationsstrategie zur Erreichung von Zielen, wie der Steigerung des Bekanntheitsgrades und Imagepfle-

---

[227] Ein Blogger kann als Autor eines Blogs bezeichnet werden.

[228] Vgl. Holland, Heinrich: Guerilla, Viral, Podcasting, Blogs, Mobile - Die neuen Werbeformen, in: Direkt Marketing, 03, 2007, S. 30.

ge auf dem US-Weinmarkt, kontinuierlich eingesetzt werden. Deutscher Wein ist dauerhaft verfügbar und um einen gewissen Grad an Bekanntheit aufbauen zu können, ist ein kontinuierlicher Kontakt zum Produkt notwendig. Beachtet werden muss bei dieser Kommunikationsstrategie, dass es bei zunehmender Wiederholung der Werbebotschaft zu negativen Effekten, den sog. Wear-out-Effekten, kommen kann. Zu Wear-out-Effekten gehören u.a. Abwehrreaktionen wie Einstellungsänderungen oder Ermüdungserscheinungen wie verminderte Aufmerksamkeits- und Erinnerungsleistungen.[229]

4.5.4. Distributionspolitik

4.5.4.1. Distributionssystem für importierte Weine in den USA

Die Distributionspolitik betrifft alle Entscheidungen, die mit dem Weg des Produktes bis zum Endverbraucher verbunden sind. Da die physische Distribution teilweise bereits bei der Markteintrittsstrategie in den amerikanischen Weinmarkt beschrieben wurde, beschränkt sich dieses Kapitel auf die strategische Wahl der Absatzkanäle. Die Distribution von Wein in den Vereinigten Staaten ist geprägt durch Gesetze und Vorschriften der einzelnen Bundesstaaten. Generell muss die Distribution eines ausländischen Weinguts in die USA nach deren Vorschriften einen dreistufigen Weg einhalten (Abbildung 25). Der Wein kann nur über einen Importeur oder durch eine Person, die eine entsprechende „Import Liquor Licence" besitzt, auf dem amerikanischen Markt eingeführt werden. Dies kann in einigen Staaten auch ein Großhändler sein (wholesaler). Der Importeur ist die erste Stufe (1st Tier) im amerikanischen Distributionssystem für ausländische Weine. Die zweite Stufe (2nd Tier) ist der Distributor, dies können bspw. Großhändler sein. In

---

229 Vgl. Meffert, Heribert/ Burmann, Christoph/ Kirchgeorg, Manfred: Marketing, Grundlagen marktorientierter Unternehmensführung, Konzepte - Instrumente - Praxisbeispiele, 2008, S. 698.

manchen Bundesstaaten, in denen die Großhändler im Besitz der Importlizenz sind, vertreten diese gleichzeitig auch die erste Stufe. Die dritte Stufe (3rd Tier) sind einerseits die Gastronomiebetriebe (on-trade) und andererseits die Einzelhändler (off-trade) (z.B. Supermarktketten, spezielle Weinfachhändler).[230] Diese Art der Distribution wird in der wissenschaftlichen Literatur mehrstufiger indirekter Absatz genannt, da mehr als zwei Stufen an Absatzmittlern (Importeur, Großhandel und Einzelhandel) zwischengeschaltet werden. Während die Weinvermarkter damit einerseits bezüglich ihrer Aufgaben bei der Distribution entlastet werden, ist der Komplexitätsgrad im Absatzkanal andererseits so groß, dass eine effektive Steuerung kaum möglich ist. Darüber hinaus steigen die Kosten, da jede Handelsstufe eine gewisse Handelsspanne einbehält.[231] Entweder bieten die Weinhersteller den Wein entsprechend günstig an oder der Wein wird am PoS so teuer, dass die Endkunden auf andere, günstigere Weine oder Substitutionsprodukte zurückgreifen.

Demnach sollte das Ziel der deutschen Weinvermarkter sein, gute Geschäftskontakte mit Vertretern der verschiedenen Stufen des Distributionssystems und der Absatzkanäle aufzubauen und zu pflegen. Darüber hinaus sollte der Distributionsgrad so hoch sein, dass die Weine überall dort erhältlich sind, wo der Endverbraucher sie erwartet. Da das in drei Stufen geteilte System in den USA die Beeinflussbarkeit und Kontrollierbarkeit der Distribution enorm einschränkt, sollte es ein Ziel der deutschen Weinvermarkter sein, die einzelnen Stufen und Kanäle nur gezielt punktuell zu bearbeiten. Welche Kanäle letztendlich für den Absatz des deutschen Weines in den USA genutzt werden sollten, wird in der Distributionsstrategie festgelegt.

---

[230] Vgl. Schneider, Bruce: Exporting German Wines to the United States, zur Verfügung gestellte Präsentation des Deutschen Weininstituts GmbH, 2007, p. 19.

[231] Vgl. Pepels, Werner: Vertriebsmanagement in Theorie und Praxis, 2006, S. 21ff.

4.5.4.2. Distributionsstrategie

"The channel in which the wine is sold has an effect on how the wine is marketed, how well it sells, and what image it has."[232] Dieses Zitat sagt viel darüber aus, was bei der Entscheidung einer Distributionsstrategie beachtet werden muss. Ein Wein, der gleichzeitig in einer Discounterkette und in kleineren Läden verkauft wird, wird trotz identischer Qualität in der Discounterkette als ein Wein mit geringerer Qualität wahrgenommen. Ebenso verhält es sich mit Weinen in Restaurants. Werden diese gleichzeitig in einem Supermarkt verkauft, wird der Wein im Restaurant mit einer höheren Qualität wahrgenommen als im Supermarkt.

In den USA gibt es wie in Deutschland verschiedene Arten von Distributionskanälen, um den Wein dem Endverbraucher zugänglich zu machen. Auf Grundlage von Datenmaterial der verschiedenen Arten von Märkten wurde in den USA der Weinabsatz geschätzt (Abbildung 29).

Abbildung 29: Weinabsatz in den USA

Type of outlet	%
Grocery stores	33
On-premise outlets (restaurants, bars, etc.)	29
Independent shops and liquor stores	20
Discount warehouses and clubs	8
State stores in liquor control states	5
Drugstores	5

Quelle: In Anlehnung an Moulton, Kirby/ Lapsley James: Successful wine marketing, Aspen Publishers, 2001, p. 25.

---

[232] Moulton, Kirby/ Lapsley James: Successful wine marketing, Aspen Publishers, 2001, p. 24.

An erster Stelle stehen die sog. „grocery stores" (33%), also Supermärkte, deren Vorteil in einem dichten Distributionsnetz liegt. Die Weine haben hier die Chance, annähernd flächendeckend mit ihren Produkten in den USA erhältlich zu sein. Die „on-premise outlets", wozu Restaurants, Bars und Clubs gehören, haben einen geschätzten Anteil von 29% am Weinabsatz. Hier sehen die Distributionsmöglichkeiten anders aus. In manchen Restaurantketten wird ein „wine-by-the-glass" Programm durchgeführt und die Weinvermarkter haben die Chance, in zehn oder auch mehr Restaurants der Kette vertreten zu sein. Oftmals ist es aber der Fall, dass es sich lediglich um den Verkauf in einem Restaurant handelt. Die Restaurants können meist keine großen Mengen an Wein lagern und wollen ihre Weinkarte nicht ständig verändern. Aus diesem Grund gehen sie oft langfristige vertragliche Bindungen mit Weinvermarktern ein. Nimmt ein Restaurant zum Beispiel einen deutschen Riesling in seine Weinkarte auf, der nach zwei Monaten ausverkauft ist, ist das Restaurant gezwungen, seine Weinkarte wieder zu verändern. Für den Weinvermarkter wird es schwierig sein, Ersatzweine an das Restaurant verkaufen zu können. Die drittgrößte Gruppe sind die „independent shops and liquor stores" mit einem geschätzten Anteil von 20%. Hierzu gehören auch die speziellen „Wine shops". „Liquor stores" haben eine beschränkte Anzahl an Standorten. In New York darf eine Person nicht mehr als einen Shop besitzen. Die Mitarbeiter in den traditionellen „liquor stores" sind sehr wichtig, da sie eine Beratungsfunktion übernehmen und die Kunden durch die riesige Auswahl an Weinen führen. Sie haben folglich großen Einfluss auf die Kaufentscheidung der Kunden. Es ist daher besonders wichtig, die Mitarbeiter dieser Shops mit Aktionen wie z.B. Fachweinproben oder Seminaren für eine indirekte Einflussnahme zu pflegen. In den „grocery stores" dagegen ist die Situation anders. Hier gibt es eine begrenzte Anzahl an Mitarbeitern und eine große Auswahl an Weinen. Die Kunden sind oftmals in Eile und erhalten meist keine große Beratung oder Entscheidungshilfe. Für den Weinerzeuger ist es daher wichtig, einen Wein zu verkaufen, der sich über die Verpackung, d.h. die Flaschenform und -größe, das Etikett sowie die Markenbezeichnung für den Kunden definiert und attraktiv macht und sich so vom Wettbewerb absetzt. Darüber hinaus ist es in „grocery stores" wichtig, sich mit PoS-Aktivitäten zu profilieren.[233]

Neben den traditionellen Absatzkanälen wie Supermärkten, Weinshops etc. bietet sich noch der direkte Verkauf an die Endverbraucher an. Dies kann bspw. über das Internet realisiert werden. Zwei Alternativen des Verkaufs sind hier möglich: Zum Einen über sog. Weinclubs, zum Anderen über Weinshops. Manche Staaten unterbinden diesen alternativen Absatzkanal. Es gibt keine einheitliche Definition für Weinclubs. Einerseits haben sie die Funktion eines Absatzkanals, andererseits dienen sie als Informationsquelle, um sein Weinwissen aufzubessern. In den Weinclubs kann jeder gegen einen bestimmten regelmäßigen Geldbetrag Mitglied werden. Meist erhalten die Mitglieder besondere Angebote, wie z.B. im World Wine Club. Dort erhält ein Mitglied für zwölf Monate Mitgliedschaft einen Rabatt von 10% auf alle Weine.[234] Insgesamt gibt es eine ganze Reihe von Vergünstigungen, die den Mitgliedern angeboten werden. Manche Clubs in den USA vertreiben nur heimische Weine oder ganz bestimmte Rebsorten, allerdings gibt es auch Clubs wie den World Wine Club, der Weine aus der ganzen Welt anbietet. Daneben existieren eine ganze Reihe von Weinshops im Internet mit Sitz in den Vereinigten Staaten. Ein Beispiel für einen der größten Weinshops in den USA ist K&L Wine Merchants. K&L verkauft Weine aus den größten Anbaugebieten der Welt. Der Shop bietet vielfältige Suchmöglichkeiten über seine Navigation an: Nach Ländern, Rebsorten, Regionen und Produkttypen (Rot-, Rosé- oder Weißweine, Sekte etc.).

---

[233] Vgl. Moulton, Kirby/ Lapsley James: Successful wine marketing, Aspen Publishers, 2001, p. 25f.

[234] Vgl. www.pacificwineclub.com/shop/detail.aspx?ID=357, abgerufen am 25.08.08.

Des Weiteren gibt es die Möglichkeit den Wein nach Flaschengröße (375ml-, 750ml-, oder 1,5l-Flaschen), Jahrgang oder nach Bewertungen zu selektieren. Der Weinshop bietet zudem noch einen Weinclub an und hat einige Filialen in drei großen Städten in den USA.[235] Dass dieser Markt Zukunft haben wird, zeigt auch der Eintritt von Amazon, einem der größten und bekanntesten Versandhäuser im Internet, das zukünftig Wein in den USA über das Internet verkaufen will.[236] Schwierigkeiten und rechtliche Probleme gibt es beim E-Commerce von Wein allerdings dann, wenn dieser über das Heimatland Deutschland in die USA an Endkonsumenten verkauft werden soll. Hierbei ist auf die rechtlichen Probleme hinzuweisen, die bereits im Zusammenhang mit dem Direktvertrieb erläutert wurden.

Es stellt sich nun die Frage, welcher Kanal bzw. welche Kanäle für die Vermarktung der deutschen Weine am sinnvollsten erscheinen. Bei der folgenden Distributionsstrategie müssen die definierten Weinkategorien unterschieden werden. Da jeder Absatzkanal sein eigenes Image und Preisniveau hat, sollte nicht jeder Wein überall verkauft werden. Jeder Wein verlangt nach einer individuellen Strategie. Für einen Wein ist lediglich der Absatz über Weinshops (eher hochpreisige Weine) und „höherpreisigen" Restaurants sinnvoll, während sich für andere Weine eher der Absatz in Supermarktketten, Discountern und billigere Restaurantketten (eher Massenweine) anbietet. Des Weiteren muss geklärt werden, wie viele Absatzmittler in den ausgewählten Absatzkanälen jeweils gewählt werden sollten. Bei der Absatzkanalbreite kann zwischen ubiquitärem, intensivem, selektivem und exklusivem Vertrieb unterschieden werden.

---

[235] Vgl. www.klwines.com, abgerufen am 25.08.08.

[236] Vgl. www.finanznachrichten.de/nachrichten-2008-03/artikel-10269122.asp, abgerufen am 05.03.08.

Beim ubiquitären Vertrieb werden alle in Frage kommenden Absatzmittler in den Absatzkanal einbezogen. Das bedeutet, dass die Weine in Supermärkten bzw. -ketten wie „grocery stores", in sämtlichen Restaurants und Restaurantketten, Bars, Clubs, Liquor stores, Weinshops, Drogerien, Tankstellen, Discounter usw. verkauft werden. Der Wein wäre überall erhältlich, d.h. der Markt könnte vollständig ausgeschöpft werden. Die deutschen Weinvermarkter wären nicht von einzelnen Händlern abhängig. Wenn ein Händler wegfällt, hätte dies nur geringe Auswirkungen. Für die Vermarktung von deutschem Wein aller Preiskategorien in den USA ist der Weg des ubiquitären Vertriebs nicht zu empfehlen. Es bedarf eines extremen Distributions- und folglich riesigen Kostenaufwandes, um alle möglichen Absatzmöglichkeiten für eine flächendeckende Distribution zu gewährleisten. Darüber hinaus fehlt den meisten deutschen Weinen die notwendige. Menge, um überall erhältlich zu sein. Ein großer Nachteil wäre für viele qualitativ hochwertige Weine das resultierende Imageproblem. Wie im Kapitel der Kommunikationspolitik bereits beschrieben, soll ein Image aufgebaut werden, das den deutschen Wein als qualitativ hochwertiges Produkt darstellt. Die unterschiedlichen Geschäftsstätten haben verschiedene Images und würden dieses jeweils auf den Wein übertragen. Der Verkauf des Weines über eine Geschäftsstätte wie einen Discounter würde der angestrebten Imagewirkung entgegenwirken.[237] Zur Bekanntmachung der Weine muss ein hoher Marketingaufwand am PoS betrieben werden. Beim ubiquitären Vertrieb wäre dieser Aufwand nur sporadisch realisierbar, da die Kosten für PoS-Aktivitäten in allen Absatzstellen nicht finanzierbar wären.

Beim intensiven Vertrieb ist der Unterschied zum ubiquitären Vertrieb nur gering. Es werden viele, aber nicht alle Absatzmittler in den Absatzmarkt einbezogen. Daher sind die Vor- und Nachteile für die Ver-

---

[237] Vgl. Pepels, Werner: Vertriebsmanagement in Theorie und Praxis, 2006, S. 15.

marktung deutscher Weine in den USA auch vergleichbar mit dem ubiquitären Vertrieb. Die fast flächendeckende Erhältlichkeit steht im Vordergrund. Es können aber einzelne Restaurants oder Supermärkte, die nicht an größere Ketten angeschlossen sind, bei der Belieferung ausgeschlossen werden. Der distributorische Aufwand bei Supermarkt- oder Restaurantketten ist überschaubarer, da es sehr wahrscheinlich nur einen Ansprechpartner und einen Anlieferungspunkt für die Produkte gibt. Wie schon im Theorieteil (Kapitel 3.2.5.4) beschrieben, kann dies als ein Kompromiss zwischen Aufwand und Nutzen gesehen werden. Die Koordination der Marketingaktivitäten und Kontaktpflege zu Absatzmittlern ist noch immer mit hohem Aufwand und Kosten verbunden. Das Imagetransferproblem wäre bei dieser Distributions- bzw. Vertriebsstrategie noch immer vorhanden. Trotzdem können Basisweine der unteren Preissegmente über den intensiven Vertrieb abgesetzt werden. Voraussetzung ist, dass die Weine in größeren Mengen verfügbar sind. Bei Superpremium- und Ultrapremiumweinen kann der intensive Vertrieb aufgrund der meist nicht vorhandenen Menge nicht genutzt werden. In diesen Segmenten erscheint der selektive Vertrieb sinnvoller. Beim selektiven Vertrieb werden nur ausgewählte Absatzmittler in den Absatzkanal integriert. Folglich sind die Produkte nicht mehr überall erhältlich, aber die Absatzmittler weisen oftmals eine sehr homogene Struktur auf. In den höherpreisigen Weinsegmenten kann sich der Vertrieb auf ausgewählte Restaurants bzw. Restaurantketten, bestimmte Supermärkte bzw. Supermarktketten sowie Fachhändler (z.B. Weinshops) beschränken. Ein Kriterium der Auswahl könnte bspw. das Qualitätsimage der einzelnen Absatzmittler sein. Vorteilhaft wäre, dass neue Konzepte schneller und leichter im Markt umgesetzt werden können. Als negativ ist anzuführen, dass die nicht überall erhältlichen Weine zu geringeren Umsätzen führen können. Fällt ein Absatzmittler aus, ist die Möglichkeit diesen zu ersetzen kompliziert, da nicht ohne Weiteres neue Händler in das Vertriebssystem aufgenommen werden können. Auf der anderen Seite können die Weingüter das Ziel, Distributionskontakte intensiv zu pflegen und Einfluss ausüben zu können, besser erreichen. Gerade bei hochpreisigen und qualitativ sehr hochwertigen Weinen ist eine Beratung der Kunden vor Ort besonders entscheidend. Die Marketingaktivitäten am PoS für Mitarbeiter der Verkaufsteams in den Geschäftsstätten lassen sich nur bei einer überschaubaren Menge realisieren. Der selektive Vertrieb gewährleistet darüber hinaus eine gewisse Exklusivität der Produkte. Besondere Qualitätsweine dürfen nicht überall erhältlich sein, wenn eine Exklusivität für Abnehmer bzw. Endkunden garantiert werden soll. Gerade in Ländern, in denen der Wein als ein Statussymbol gilt, ist es ab einer gewissen Preisklasse besonders schwierig, die Weine in Discountern abzusetzen bzw. unselektiert (ubiquitärer Vertrieb) vorzugehen.

Weine im Kult-Segment sollten über den exklusiven Vertrieb abgesetzt werden. Beim exklusiven Vertrieb haben die eingeschalteten Händler quasi eine Monopolstellung. Die Absatzmittler sind eng an die Hersteller gebunden und pflegen eine gute Beziehung zu diesen, um auf Dauer zum Kreise der ausgewählten Händler gehören zu dürfen. Bei den Weinen über 50 USD spielt die Erhältlichkeit keine entscheidende Rolle mehr. Vielmehr steht die Exklusivität der Weine im Vordergrund, die sich auch in der Absatzstrategie wiederfinden soll. Nachteilig für die Weinvermarkter ist allerdings, dass sie sich in eine außerordentlich große Abhängigkeit zu einigen wenigen Absatzmittlern begeben.

5. Offene Fragen deutscher Weingüter

In der vorliegenden Arbeit wird nur das Thema der Strategiefindung und Planung betrachtet. Darüber, ob die Strategien sich bewährt haben und ob sie implementiert werden können, wird keine Aussage getroffen. Das Problem einer effektiven und effizienten Strategiebewertung und Strategieimplementierung bleibt damit ungeklärt.

Ein weiteres Problem ist das Weinhandelsabkommen, das am 1. Januar 2006 in Kraft getreten ist, und zwischen der EU und den USA geschlossen wurde. Darin ist festlegt, dass die USA ihre Weine in Verfahren herstellen kann, die mit der Billigung des Abkommens in Europa anerkannt werden. Beispielsweise ist in den Vereinigten Staaten die sog. Weinfraktionierung zulässig. Dies bedeutet, dass Weine mit Wasser verdünnt und mit Aromastoffen angereichert werden dürfen. Das erste Problem, mit dem sich deutsche Winzer konfrontiert sehen, ist die fehlende Kennzeichnungspflicht für einen derartigen Eingriff in die Weinherstellung. Darüber hinaus sparen die Amerikaner durch die Anreicherung mit Wasser Trauben und können folglich mehr Wein herstellen.[238] Die deutschen Winzer haben mit den in den USA zulässigen Herstellungsverfahren ein Problem, weil sie aufgrund des Reinheitsgebotes in Deutschland diese Methoden nicht anwenden dürfen und einen Wettbewerbsnachteil für sich sehen. Ein weiterer Nachteil ist die Möglichkeit Markenweine herzustellen, die ähnlich wie z.B. Coca-Cola mit jeder Flasche eine gleich bleibende Qualität und eine bestimmte Geschmacksrichtung bieten. Dieser „technische Fortschritt" wäre für die Massenweinherstellung deutscher Weine für den internationalen Markt von Bedeutung. Die Arbeit klärt nicht, wie mit diesem Problem in Zukunft umgegangen werden kann. Unter deutschen Winzern herrscht

---

[238] Vgl. www.tagesschau.de/wirtschaft/meldung144354.html, abgerufen am 13.09.08.

großer Diskussionsbedarf, eine Einigkeit bezüglich der unterschiedlichen Herstellungsverfahren ist nicht in Sicht.

Auf die mit dem Export und der Herstellung verbundenen rechtlichen Rahmenbedingungen wie bspw. das komplizierte Zertifizierungsverfahren für den Weinexport sowie damit verbundene Kosten, benötigtes Wissen und Risiken wurde in der vorliegenden Arbeit nicht abschließend eingegangen. Ebenso bleibt offen, wie die organisatorische Einbindung der Auslandsaktivitäten aussehen und wie mit der Personalwirtschaft bei Internationalisierung umgegangen werden kann.

Auf die Frage, ab wann sich für einen deutschen Winzer der Export seiner Weine in die USA oder in einen anderen Ländermarkt betriebswirtschaftlich rechnet, wird in der vorliegenden Arbeit nicht eingegangen. Ob diese Entscheidung nur an der Größe eines Weinguts orientiert werden kann, und ob die produzierten Weine entscheidend sind, bedarf einer individuellen Analyse bei expansionswilligen Weingütern.

Speziell im Rahmen des Beispiels der USA spielt die Entwicklung des Wechselkurses eine große Rolle für das Verhalten deutscher Weingüter. Hierbei wird zu beantworten sein, ab wann es für einen deutschen Weinvermarkter nicht mehr vorteilhaft ist zu exportieren, weil die Kosten und Risiken den möglichen Gewinn übersteigen. Es wird zu berücksichtigen sein, wie die Entwicklung der Wechselkurse langfristig in die eigene Strategie eingebunden werden kann und inwieweit in diesem Zusammenhang Wechselkurssicherungsgeschäfte in Betracht kommen.

Beim Thema Klimaveränderung bleiben ebenfalls Fragen offen. Es gibt aktuell keine Antwort auf die Frage, wie lange sich das Klima weiter erwärmen wird. Hier wird entscheidend sein, wie stark die Erwärmung in deutschen Weinanbaugebieten zum Zeitpunkt ihres Höhepunktes sein wird und ob die Effekte des Klimawandels zu einem Rebflächenwechsel, d.h. einem Anbau anderer Rebsorten, die generell ein wärmeres Klima benötigen, ausreicht. In der vorliegenden Arbeit wurde lediglich die Strategie eines möglichen Rebflächenwechsels angesprochen, um den Klimawandel positiv nutzen zu können. Mögliche Details und Risiken müssen die Winzer aber im Vorfeld diskutieren, soweit dies überhaupt möglich ist. Die richtige Ausrichtung der strategischen und langfristigen Ziele ist daher sehr schwer und bedarf ständiger Kontrolle.

In der Arbeit wurde der Riesling-Trend weltweit und in den USA im Besonderen beschrieben. Offen bleibt, wie lange dieser Trend andauert und ob es den deutschen Winzern möglich sein wird, mit entsprechenden Marketingmaßnahmen diesen zu verlängern bzw. den Markt weiterhin zu vergrößern. Fraglich bleibt, wie viele finanzielle Mittel in Zukunft notwendig sind, um die Absatzzahlen nicht nur zu halten, sondern darüber hinaus ausbauen zu können. In diesem Zusammenhang muss jedes Weingut für jeden Wein entscheiden, welche der beschriebenen Marktbearbeitungsstrategien geeignet sind. Alle beschriebenen Strategien können vermutlich aufgrund fehlender finanzieller Möglichkeiten nicht durchgeführt werden. Ein Winzer muss die Möglichkeit haben zu erkennen, auf welche der möglichen strategischen Ansätze seine Schwerpunkte und auf welche Strategien der Fokus zu legen ist.

Das Thema „Zielgruppe für deutschen Wein in den USA" wurde ebenfalls nicht abschließend besprochen. Aufgrund von nicht verfügbaren Daten kann auf die Zielgruppen in den Marktbearbeitungsstrategien nicht tiefer eingegangen werden. Bei der Exportabsicht in einen Auslandsmarkt sollten die Marketingstrategien aber speziell auf die jeweiligen Zielgruppen zugeschnitten werden. Weitere Marktforschung könnte daher für eine effektivere und effizientere Strategie nötig werden.

6. Fazit und Ausblick

Es gibt gute Gründe für die Internationalisierung der deutschen Weine, die in der vorliegenden Arbeit ausführlich dargelegt wurden. Nur einige von vielen Gründen sind die höhere Preisbereitschaft in ausgewählten Ländern sowie der stetig steigende Weinkonsum. Aufgrund der zunehmenden Komplexität und zusätzlich entstehender Risiken bei internationaler Vermarktung ist eine strukturierte Vorgehensweise zur Planung, Implementierung und Kontrolle der Marketingstrategien umso dringlicher. Umwelt- und Unternehmensanalyse sowie SWOT-Analyse haben gezeigt, dass der US-amerikanische Weinmarkt neben vielen Chancen auch Risiken mit sich bringt, die durch die Stärken und Schwächen der deutschen Weinvermarkter mit ihren Weinen mehr oder weniger gut genutzt bzw. abgeschwächt werden können. Beim Markteintritt ist abzuwägen, ob mehr Kontrolle und Einfluss auf dem Weg des Weines zum Endkunden gewünscht ist oder die personellen und finanziellen Ressourcen für den selbst organisierten Markteintritt eingespart werden sollen. Von dieser Entscheidung hängt es ab, ob der indirekte oder direkte Export gewählt wird. Die Marktbearbeitungsstrategien können großen Einfluss auf Erfolg bzw. Misserfolg bei Internationalisierungsvorhaben deutscher Weingüter haben. In der Produktpolitik muss die Frage geklärt werden, inwieweit eine Produktvariation oder -differenzierung oder eine Produktinnovation für den amerikanischen Markt gewinnbringend sein kann und wie diese aussehen sollte. Um diese Frage beantworten zu können, sollte das weinexportierende Unternehmen den Markt bzw. die Bedürfnisse und Wünsche der Kunden kennen. Im Rahmen der Produktpolitik ist das Thema Markenpolitik für die exportierenden deutschen Weingüter von großer Bedeutung. Das Problem von fehlenden Weltmarken wird in Zukunft eine große Rolle spielen, wenn sich die deutschen Weine mit Weinen aus anderen Importländern wie z.B. Australien messen wollen. Deutsche Weine haben ein kompliziertes System von Qualitätsbezeichnungen, das für den amerikanischen Weintrinker nicht verständlich ist. Das Arbeiten an einer einheitlichen deutschen Weinmarke für ausländische Märkte ist daher unumgänglich. Einheitliche Qualitätsbezeichnung und einprägsame Labels sind erfolgversprechende Kriterien bei der Vermarktung der deutschen Weine in den USA. Bei der Preispolitik ist es wichtig, die Preisbereitschaft der Abnehmer im Exportland zu betrachten. Von großer Wichtigkeit ist, ob mit dem ermittelten Preis die tarifären Handelshemmnisse und Kosten für den Export sowie die Herstellung bezahlt werden können? Bei dem Marketinginstrument der Kommunikationspolitik ist es wichtig, die richtigen Botschaften über den effektivsten Kanal an die vorher bestimmte Zielgruppe zu übermitteln. Mit diesem Instrument dürfen nicht nur die Endkunden angesprochen werden, auch Groß- und Einzelhändler müssen berücksichtigt werden. Können die zwei Absatzstufen zwischen deutschem Weingut und amerikanischem Endkunden überzeugt und die Weine genügend bekannt gemacht werden, ist der Weg zum Endkunden einfacher. Für diesen Teil der Marktbearbeitungsstrategien wird ein großes Budget benötigt, daher ist der Einsatz der Kommunikationsinstrumente explizit zu planen. Die Distributionspolitik zeigt, dass die Auswahl der möglichen Absatzkanäle ebenfalls einen großen Einfluss auf den Vermarktungserfolg deutscher Weine in den USA haben kann. Die Distributionswege sollten in Tiefe und Breite genau auf die angebotenen Weine und deren Käufer abgestimmt werden. Jeder Kanal bietet andere Möglichkeiten für den Abverkauf der Weine, deren Preise und Imagewirkungen. Für das deutsche Weinunternehmen ist es außerdem wichtig, in allen Absatzmittlerstufen persönliche Kontakte zu pflegen. Da der amerikanische Weinmarkt von vielen Weinanbauländern beliefert wird, können für eine erfolgreiche Vermarktung der Weine persönliche Kontakte entscheidend sein.

Der Riesling darf nur der Türöffner für die Vermarktung der deutschen Weine in den USA sein. Es müssen weitere Weine, wie z.B. Spätburgunder, folgen, sobald ein entsprechendes Image aufgebaut ist. Das wärmer werdende Klima in Deutschland muss dazu genutzt werden, Rebsorten anzubauen, die in den USA bereits bekannt sind und dort vornehmlich getrunken werden. Eine zunehmende Liberalisierung des Direktverkaufs an Endkunden erfordert neue Marketingkonzepte wie den Ausbau des Angebotes an Weinreisen, um das Weinland Deutschland und seine Anbaugebiete kennenzulernen.

Die beschriebenen internationalen Marketingstrategien gelten generell nicht nur für das gewählte Beispiel der USA, sondern sind bedingt auf andere Auslandsmärkte übertragbar. Es gilt zu beachten, dass immer Länderspezifikationen berücksichtigt werden müssen. Die vorgeschlagenen Strategien müssen folglich auf der länderindividuellen durchgeführten Situationsanalyse aufgebaut werden.

Literaturverzeichnis

Bücher

Albaum/ Strandskov/ Duerr, 2001: Albaum, Gerald; Strandskov, Jesper; Duerr, Edwin: Internationales Marketing und Exportmanagement. 3. Auflage. Pearson Studium, München 2001.

Bea/ Haas, 2005: Bea, Franz Xaver; Haas, Jürgen: Strategisches Management. 4., neu bearbeitete Auflage. Lucius & Lucius Verlag, Stuttgart 2005.

Benkenstein/ Stephan, 2004: Benkenstein, Martin; Stephan, Anja: Direkter vs. Indirekter Export: Eine vergleichende Analyse. In: Zentes, Joachim; Morschett, Dirk; Schramm-Klein, Hanna (Hrsg.): Außenhandel. Marketingstrategien und Managementkonzepte. Gabler Verlag, Wiesbaden 2004, S. 353-367.

Berndt/ Altobelli/ Sander, 2005: Berndt, Ralph; Altobelli, Claudia Fantapié; Sander, Matthias: Internationales Marketing-Management. 3., überarbeitete u. erweiterte Auflage. Springer Verlag, Heidelberg 2005.

Brockhaus Wein, 2005: F.A. Brockhaus, Mannheim (Hrsg.): Der Brockhaus Wein. F.A. Brockhaus GmbH, Leipzig 2005.

Bruhn, 2006: Bruhn, Manfred: Sponsoring. Systematische Planung und integrativer Einsatz. 4. überarbeitete und erweiterte Auflage. Gabler Verlag, Wiesbaden, 2003.

Bruns, 2003: Bruns, Jürgen: Internationales Marketing. 3. Auflage. Kiehl Verlag, Ludwigshafen 2003.

Dillerup/ Stoi, 2006: Dillerup, Ralf; Stoi, Roman: Unternehmensführung. Vahlen Verlag, München 2006.

Eschenbach/ Kunesch, 2002: Eschenbach, Rolf; Kunesch, Hermann: Strategische Konzepte. Management-Ansätze von Ansoff und Ulrich. 3. völlig überarbeitete und wesentlich erweiterte Auflage. Schäffer-Poeschel, Stuttgart 2002.

Hall/ Mitchell, 2008: Hall, Michael, C.; Mitchell, Richard: Wine Marketing. A practical Guide. Elsevier Ltd, Oxford 2008.

Kohlöffel, 2000: Kohlöffel, Klaus M.: Strategisches Management. Alle Chancen nutzen - Neue Geschäfte erschließen. Carl Hanser Verlag, München 2000.

Kotler/ Bliemel, 2001: Kotler, Philip; Bliemel, Friedhelm: Marketing-Management. 10. Auflage. Schäffer-Poeschel, Stuttgart 2001.

Kutschker/ Schmid, 2006: Kutschker, Michael; Schmid, Stefan: Internationales Management. 5. bearbeitete Auflage. Oldenbourg Wissenschaftsverlag, München 2006.

Meffert, 2000: Meffert, Heribert: Marketing. 9. überarbeitete und erweiterte Auflage. Gabler Verlag, Wiesbaden 2000.

Meffert/ Bolz, 1997: Meffert, Heribert; Bolz, Joachim: Internationales Marketing-Management. 3. überarbeitete und ergänzte Auflage. Kohlhammer, Stuttgart 1997.

Meffert/ Burmann/ Kirchgeorg, 2008: Meffert, Heribert; Burmann, Christoph; Kirchgeorg, Manfred: Marketing. Grundlagen marktorientierter Unternehmensführung. Konzepte - Instrumente - Praxisbeispiele. Gabler-Verlag, Wiesbaden 2008.

Moulton/ Lapsley, 2001: Moulton, Kirby; Lapsley James: Successful wine marketing. Aspen Publishers, Inc., Gaithersburg, Maryland 2001.

Olfert/ Pischulti, 2002: Olfert, Klaus; Pischulti, Helmut: Kompakt-Training Unternehmensführung. 2., überarbeitete Auflage. Friedrich Kiehl Verlag, Ludwigshafen 2002.

Pepels, 2006: Pepels, Werner: Vertriebsmanagement in Theorie und Praxis. Oldenbourg Wissenschaftsverlag, München 2006.

Phillips, 2003: Phillips, Roderick: Die große Geschichte des Weins. 2. Auflage. Campus Verlag, Frankfurt 2003.

Priewe, 2007: Priewe, Jens: Weinwissen. Von A wie Aroma bis Z wie Zweigelt. Heyne Verlag, München 2007.

Rose/ Sauernheimer, 2006: Rose, Klaus; Sauernheimer, Karlhans: Theorie der Außenwirtschaft. 14., überarbeitete Auflage. Vahlen Verlag, Stuttgart 2006.

Schätzel, 1998: Schätzel, Otto: Wein erfolgreich vermarkten. Meininger Verlag, Neustadt/Weinstraße 1998.

Schmid, 2004: Schmid, Stefan: Importe als Basisform des Außenhandels. Erschließung ausländischer Beschaffungsmärkte und Produktionsstandorte. In: Zentes, Joachim; Morschett, Dirk; Schramm-Klein, Hanna (Hrsg.): Außenhandel. Marketingstrategien und Managementkonzepte. Gabler Verlag, Wiesbaden 2004, S. 59-82.

Unger u.a., 2002: Unger, Fritz; Durante, Nadia-Vittoria; Gabrys, Enrico; Koch, Rüdiger; Wailersbacher, Rainer: Mediaplanung. Methodische Grundlagen und praktische Anwendungen. 4. aktualisierte Auflage. Springer Verlag, Heidelberg 2002.

Weis, 2004: Weis, Hans Christian: Marketing. 13. Auflage. Kiehl Friedrich Verlag, Ludwigshafen 2004.

Welge/ Holtbrügge, 2006: Welge, Martin K.; Holtbrügge, Dirk: Internationales Management. Theorien, Funktionen, Fallstudien. 4., überarbeitete und erweiterte Auflage. Schaeffer-Poeschel, Stuttgart 2006.

Wöhe, 2000: Wöhe, Günter: Einführung in die Allgemeine Betriebswirtschaftslehre. 20., neu bearbeitete Auflage. Vahlen Verlag, München 2000.

Zentes/ Schramm-Klein/ Morschett, 2004: Zentes, Joachim; Schramm-Klein, Hanna; Morschett, Dirk: Außenhandel und internationales Marketing. In: Zentes, Joachim; Morschett, Dirk; Schramm-Klein, Hanna (Hrsg.): Außenhandel. Marketingstrategien und Managementkonzepte. Gabler Verlag, Wiesbaden 2004, S. 3-26.

Zeitungen und Zeitschriften

Afhüppe/ Riecke, 2008: Afhüppe, Sven; Riecke, Torsten: Angst vor dem Absturz. In: Handelsblatt, Nr. 16, 23.01.2008, S. 6-7.

Bläske/ Schnitzler, 2007: Bläske, Gerhard; Schnitzler, Lothar: Hauch von Coca-Cola. In: Wirtschaftswoche, Nr. 45, 05.11.2007, S. 106-108.

Cyron, 2008: Cyron, Laura: Guter Wein wird günstig. Winzer aus Südafrika und Argentinien drücken den Preis. In: Frankfurter Allgemeine Sonntagszeitung, 29.06.2008, S. 47.

Hoffmann, 2008: Hoffmann, Dieter: Der Weinmarkt in der Welt. In: Agrarwirtschaft 57,Heft 1, 2008, S. 79-86.

Holland, 2007: Holland, Heinrich: Guerilla, Viral, Podcasting, Blogs, Mobile. Die neuen Werbeformen. In: Direkt Marketing, 03, 2007, S. 28-33.

Hubert, 2008: Hubert, Wolfgang: Kein Gau am Rhein. In: Vinum, Juli/August 2008, S. 31-38.

Murmann, 2007: Murmann, Christoph: Frischware. Wein bleibt ein Wachstumsmarkt. In: Lebensmittelzeitung 05, 02.02.07, S. 22.

o.V., 2007(c): 1x1 des Bloggens. In: Direktmarketing Praxis, 04/2007, S. 22-23.

Trankovits, 2008: Trankovits, Laszio: Chinesisches Essen hängt Burger & Co. ab. In: Wiesbadener Kurier, 24.06.2008, S. 12.

Studien

Wine in the United States, 2007: Datamonitor (Hrsg.): Wine in the United States. Industry Profile. November 2007.

Internetquellen

DWI, 2007: Deutsches Weininstitut: Deutscher Weinexport weiter erfolgreich. 17.07.2007,www.germanwine.de/10861+M5c96057aa02.html?&tx_ttnews[tt_news]=40 vom 05.06.2008, 21.48 Uhr.

DWI, 2008: Deutsches Weininstitut: Deutsche Weinexporte wachsen weiter. 11.03.2008, www.germanwine.de/10861+M55a73c02375.html?&tx_ttnews%5Btt_news%5D=162 vom 05.06.2008, 21.51 Uhr.

o.V., 2005: Weinhandelsabkommen zwischen der EU und den USA, Stand: 20.12.2005. www.tagesschau.de/wirtschaft/meldung144354.html vom 13.09.2008, 18.28 Uhr.

o.V., 2006: EU-Weinreform: Hintergrundinformation zum Weinsektor. http://europa.eu/rapid/pressReleasesAction.do?reference=MEMO/06/245&format=HTML&aged=1&language=DE&guiLanguage=en vom 24.08.2008, 22.56 Uhr.

o.V., 2007(b): Deutscher Weinmarkt in guter Verfassung. Aktuelle VINEXPO/IWSR-Studie 2007 zu Trends des weltweiten Wein- und Spirituosenmarktes. 09.02.2007, www.europewine.com/weinmarkt1.html vom 05.03.08 21.57 Uhr.

o.V., 2008(a): Die Geschichte des Weines. www.wein.de/1419.0.html vom 08.04.2008, 21.15 Uhr.

o.V., 2008(d): http://factfinder.census.gov/servlet/SAFFPopulation?_submenuId=populati on _0&_sse=on vom 14.08.2008, 22.09 Uhr.

o.V., 2008(f): www.klwines.com vom 25.08.2008, 21.17 Uhr.

o.V., 2008(g): www.gallo.de vom 23.06.2008, 22.47 Uhr.

o.V., 2008(h): http://usa.usembassy.de/gesellschaft-religion.htm vom 23.07.2008, 21.17 Uhr.

o.V., 2008(j): http://factfinder.census.gov/servlet/STTable?_bm=y&-geo_id=01000US&-qr_name=ACS_2006_EST_G00_S2301&-ds_name=ACS_2006_EST_G00_&-redoLog=false vom 14.08.2008, 22.28 Uhr.

o.V., 2008(k): http://factfinder.census.gov/servlet/STTable?_bm=y&-geo_id=01000US&- qr_name=ACS_2006_EST_G00_S1901&-ds_name=ACS_2006_EST_G00_ vom 14.08.2008, 22.37 Uhr.

o.V., 2008(l): www.cbrands.com/CBI/constellationbrands/homepage/default.jsp vom 06.07.2008, 20.38 Uhr.

o.V., 2008(n): www.germanwine.de/ vom 20.06.2008, 21.49 Uhr.

o.V., 2008(o): www.finanznachrichten.de/nachrichten-2008-03/artikel-10269122.asp vom 05.03.2008, 22.08 Uhr.

o.V., 2008(p): www.schmitt-soehne.com vom 03.09.2008, 19.25 Uhr.

Statistisches Bundesamt, 2007(a): Statistisches Bundesamt: Weine aus Übersee immer beliebter. Zahl der Woche Nr. 29, 24.07. 2007, www.destatis.de/jetspeed/portal/cms/Sites/destatis/Internet/DE/Presse/pm/zdw/2007/ PD07_029__p002.psml vom 05.03.2008, 21.34 Uhr.

Sonstige Veröffentlichungen

Blau/ Nickenig, 2004: Blau, Achim; Nickenig, Rudolf: Das Weinrecht 2004. aid infodienst Verbraucherschutz, Ernährung, Landwirtschaft e.V. (Hrsg.), 15. überarbeitete Auflage, Bonn 2004.

Branchenbild G&J, 2007: Gruner & Jahr Marktanalyse: Branchenbild Wein. Nr. 63, Dezember 2007.

Constellation Wines U.S., 2008: Constellation Wines U.S.: Project Genome. Understanding the DNA of the premium wine consumer. Home and Habits. Zur Verfügung gestelltes Material des Deutschen Weininstitut GmbH, 22.07.2008.

Deutscher Wein Exportbrief, 2008: Deutsches Weininstitut GmbH (Hrsg.): Deutscher Wein Exportbrief 1/08. Mainz 2008.

Deutscher Wein Statistik, 2007: Deutsches Weininstitut GmbH (Hrsg.): Deutscher Wein Statistik 2007/ 2008. Mainz 2007.

Deutsches Weininstitut, 2008: Interne Daten zur amerikanischen Weinwirtschaft. Zur Verfügung gestelltes Material des Deutschen Weininstitut GmbH vom 09.05.2008.

Hoffmann, 2004: Hoffmann, Dieter: Präsentation: Verpackung für relevante Zielmärkte. Geisenheim 2004.

Hussain u.a., 2006: Hussain, Mahmood; Castaldi, Richard; Cholette, Susan: Determinants of wine Consumption of U.S. Consumers. An Econometric Analysis. 3nd International Wine Business Research Conference, Montpellier, 06.07.-08.07.2006.

IHK Trier, 2007: IHK: Weinversand in Ausland (Amerika). Zur Verfügung gestelltes Material des Deutschen Weininstitut GmbH, Mainz 2007.

Kolesch, 2007: Kolesch, Hermann: Präsentation: Reisen zum Wein. Die Architektur des Weins im Kontext des Tourismus. Bayerische Landesanstalt für Weinbau und Gartenbau, Veitshöchheim 2007.

Schätzel, 2008: Schätzel, Otto: Der deutsche Weinmarkt. Präsentation vom 02.05.2008.

Schneider, 2007: Schneider, Bruce: Exporting German Wines to the United States. Zur Verfügung gestellte Präsentation des Deutschen Weininstituts GmbH, Mainz 2007.

Statistisches Bundesamt, 2007(b): Statistisches Bundesamt: Fachserie 3, Reihe 3.1.5. Zur Verfügung gestelltes Material des Statistischen Bundesamt, Wiesbaden 2007.

U.S. Market Report, 2007: U.S. Market Report Workshop 2007. Zur Verfügung gestellte Präsentation des Deutschen Weininstituts GmbH, Mainz 2007.

E-Mails

Breuer, 2008: Breuer, Heinrich: AW: Weinexport in die USA - Master Thesis. heinrich@georg-breuer.com, 05. August 2008, 13.19 Uhr.

Graf, 2008: Graf, Christoph: Re: Fw: Weinexport in die USA - Master Thesis. graf@reichsrat-von-buhl.de, 12. August 2008, 11.20 Uhr.

Höferlin, 2008: Höferlin, Sonja: Antwort: WG: Weinexport in die USA - Master Thesis. hoeferlin@buergerspital.de, 05. August 2008, 11.27 Uhr.

Pohl, 2008: Pohl, Marc: AW: Weinexport in die USA - Master Thesis. marc.pohl@wineconsale.com, 30. Juli 2008, 16.07 Uhr.

Anhang

Anhang 1: E-Mail - Heinrich Breuer, Weingut Georg Breuer

Betreff: AW: Weinexport in die USA - Master Thesis
Von: "Heinrich Breuer" <heinrich@georg-breuer.com> **ins Adressbuch**
An: "'Silke Trick'" <silketrick@web.de>
Cc: "Theresa Breuer" <theresa@georg-breuer.com>, "hermann schmoranz" <schmoranz@georg-breuer.com>
Datum: 05.08.08 13:19:11 Uhr

Sehr geehrte Frau Trick,

hier unsere Antworten:

1) Wir beliefern nur einen Importeur, der die Alleinvertretung für das ganze Land hat. Dieser hat wiederum Grosshändler (distributors) mit einer wholesale-License in vielen der 50 Staaten. Diese verkaufen wiederum an Einzelhändler (mit Retail oder Off-License) bzw. Gastronomiebetriebe (mit On-License). Es gibt einige Staaten in den USA, in denen der hierarchische Ablauf nicht vom Gesetz so vorgeschrieben ist. Es gibt auch Staaten mit einem Monopol des Staates z.B. Utah

2) Wir ziehen diesen Weg vor, da wir nicht selbst auf allen Hochzeiten tanzen können.

3) Langfristig bestehen sehr gute Chancen. Durch die Dollarsituation ist allerdings im Moment ein Rückgang da.

4) Wir sollten unsere Produkte stärker profilieren. Dass es deutsche Weine mit gleichem Prädikat in süss, trocken und halbtrocken gibt ist nicht förderlich und das Durcheinander an Weinbezeichnungen stösst mehr Menschen ab...

Herzliche Grüsse,

Heinrich Breuer

Anhang 2: E-Mail – Christoph Graf, Weingut Reichsrat von Buhl

Betreff: Re: Fw: Weinexport in die USA - Master Thesis
Von: graf@reichsrat-von-buhl.de **ins Adressbuch**
An: silketrick@web.de
Datum: 12.08.08 11:20:09 Uhr **erweiterter Head**

1. Stellen Sie Weine spezielle für den amerikanischen Markt her?

ja - wir haben zwei Weine, die in zusammen mit unserem Importeur entstanden sind und die exklusiv auf dem US-Markt vermarktet werden.

2. Wenn ja, was unterscheidet diese Weine von anderen?

Ausstattung und Qualität, gerade der Weinstil wurde bei diesen Sonderfüllungen speziell auf die Bedürfnisse unsere Zielgruppe abgestimmt.

3. Welche Weine sind momentan besonders erfolgversprechend in den USA?

Durch den hohen Dollarkurs sind hochwertige Weine, wieder mehr gefragt, da Sie weniger preissensibel sind als im Preiseinstiegsbereich. Außerdem unterliegen die hochwertigen Weine (ab 30 $) weniger definierten Preisgrenzen.

Vom Geschmacksprofil ist der Hauptmarkt noch traditionell restsüß, wobei es eine deutliche Bewegung hin zu den trockenen Spitzengewächsen aus Deutschland gibt.

4. Welche Marketingaktivitäten sind in den USA zur Bekanntmachung der eigenen Weine besonders wichtig?

Die gegebene Reputation eines Spitzenweinguts aus Deutschland, eine gute Distribution durch ein flächendeckend arbeitenden Importeur, wie auch Einladungen von Meinungsbildner nach Deutschland und Markbesuche in USA.

Mit freundlichen Grüßen

Anhang 3: E-Mail – Sonja Höferlin, Weingut Bürgerspital zum Heiligen Geist

Betreff: Antwort: WG: Weinexport in die USA - Master Thesis (OK)
Von: hoeferlin@buergerspital.de **ins Adressbuch**
An: silketrick@web.de
Datum: 05.08.08 11:27:26 Uhr

Sehr geehrte Frau Trick,

mangels Zeit beantworte ich Ihre Fragen kurz und im Telegrammstil, direkt in Ihrer Mail.

Viel Erfolg für Ihre Arbeit!

Mit freundlichen Grüßen

Sonja Höferlin
Weingutsleitung

- -
Bürgerspital z. Hl. Geist -Weingut
Theaterstraße 19
97070 Würzburg
Tel.: 0931 3503-451
Fax: 0931 3503-455

http://www.buergerspital.de

Fragen:

1. Welche Wege nutzen Sie in der Praxis für den Export in die USA?
Wir exportieren in die USA nur in sehr geringem Umfang und nutzen den direkten wie den indirekten Weg.
2. Welche Form des Exportes (direkt/ indirekt) eignet sich Ihrer Meinung am ehensten? Aus welchem Grund?
Beide haben Vorteile. Direkt: Kontakt zum Kunden/Importeur, damit mehr Einfluß aber auch mehr Arbeit. Indirekt: geringerer Aufwand, für uns von Vorteil, da mit Mwst fakturiert werden kann.
3. Welche positiven bzw. negativen Erfahrungen haben Sie bisher mit dem Export in die USA gemacht?
Ist für uns ein sehr schwieriger Markt durch die unterschiedlichen Importbedingungen in den einzelnen Staaten, den strengen Auflagen in der Etikettierung, Anmeldung etc. Aber auch die Flaschenform, der Bocksbeutel, hat es natürlich nicht einfach in den USA...
4. Welche negativen Punkte müssten Ihrer Meinung verändert werden und wie?
Man hat den Eindruck, dass die USA keinen Import will bei den strengen Auflagen und Sicherheitsbestimmungen... Unrealistisch ist er Wunsch von einheitlichen Importbedingungen in allen Staaten.

Anhang 4: E-Mail – Marc Pohl, Wineconsale GmbH

Betreff: AW: Weinexport in die USA - Master Thesis
Von: "Marc Pohl" <marc.pohl@wineconsale.com> **ins Adressbuch**
An: "Silke Trick" <silketrick@web.de>, "Joachim Binz" <joachim.binz@wineconsale.com>
Datum: 30.07.08 16:07:15 Uhr **erweiterter H**

Sehr geehrte Frau Trick,

vielen Dank für Ihre email. Weinexport in die USA ist sicher ein umfassendes Thema und nur schlecht in einer email abzuhandeln. Wir hoffen dennoch Ihnen mit unser Antworten zu helfen.

1. **Welche Aufgaben übernimmt Wineconsale beim Export? Wie arbeitet Wineconsale?**

Wineconsale GmbH ist der Ausführer der Ware. Wir finden Produkte welche dem Interesse der Importeure entsprechen oder Importeure für Produkte in unserem Portfolio. Wir achten auf gesetzeskonforme Etikettierung, haben Kontakt zu den Logistikern und erstellen die Ausfuhrdokumente sowie Abschlussrechnung. Auch leisten wir aktive Marketingunterstützung vor Ort.

2. **Kauft Wineconsale die Weine auf und handelt rechtlich und wirtschaftlich selbständig?**

Ja!

3. **Welche positiven bzw. negativen Erfahrungen haben Sie bisher mit dem Export in die USA gemacht?**

Positiv ist sicher zu bemerken das die USA in Teilen (die Küsten & Ballungszentren) ein sehr dynamischer und großer Markt ist. Mann kann für fast jedes Produkt seine Kunden finden. Es ist räumlich recht nahe so dass man seine Kunden/ Importeure hin und wieder besuchen kann, um Verkaufsunterstützung vor Ort zu leisten. Dies ist gleichzeitig ein Nachteil. Grad die mittleren und ländlichen Gebiete der USA sind schwer zu erreichen und tief in Traditionen und Einstellungen verwurzelt. Dort neue Produkte in den Markt zu bringen erscheint nahezu unmöglich. Daher herrscht dort nach wie vor die Meinung vor deutscher Wein sei immer suß und muss billig sein. Handelshindernisse wie FDA-Regestrierung für die gesamte Lieferkette sind sicher nicht hilfreich. Ebenfalls die doch recht strengen Etikettierungsvorschriften. Der aktuelle Währungskurs ist auch so ein Thema.

4. **Welche negativen Punkte müssten Ihrer Meinung verändert werden und wie?**

Bürokratische Hindernisse müssten abgebaut werden.

kind regards,

freundliche Grüße

Marc Pohl

FSC
www.fsc.org
MIX
Papier | Fördert gute Waldnutzung
FSC® C083411

Zeitfracht Medien GmbH
Ferdinand-Jühlke-Straße 7
99095 Erfurt, Deutschland
produktsicherheit@kolibri360.de